임금쌘의 코바늘 연구소

임금손의 코바늘 연구소

임금손 지음

hansmedia

프롤로그

임금손의 코바늘 연구소에 오신 것을 환영합니다!
이곳에서는 화학 약품 대신 알록달록한 실을, 비커 대신 코바늘을 사용합니다.
작은 코가 한 코씩 쌓여 목표한 모양으로 만들어질 때마다
저는 실험에 성공한 연구원처럼 설레곤 합니다.

사실 코바늘뜨기는 늘 같은 도구와 규칙적인 움직임으로 진행되지만,
그 결과는 언제나 새롭습니다.
같은 도안으로 떠도 뜨는 이의 손땀과 실에 따라 전혀 다른 작품이 탄생하지요.
그래서일까요? 저는 뜨개를 '작은 실험'이라고 부르고 싶습니다.
예상과 다른 결과가 새로운 아이디어가 되기도 하고,
우연히 섞인 색이 뜻밖의 조화를 만들어 내기도 하니까요.

이 책은 제가 걸어온 작은 실험들의 기록입니다.
매번 다른 결과를 만들어 내며 쌓아온 시행착오와 깨달음,
그리고 그 속에서 만난 즐거움을 담았습니다.
완벽한 공식이나 정답을 알려드리기보다는, 직접 경험해보았을 때
알 수 있는 새로운 점들을 함께 나누고 싶어요.

이제 당신도 이 연구소의 연구원입니다.
연구 노트 대신 도안을 펼치고, 코바늘과 설레는 마음을 준비해 주세요.
실험 결과만큼 즐거운 과정이 기다리고 있을 거예요.

자, 이제 함께 코바늘 실험을 시작해 볼까요?

 contents

1. 실험 준비

2. 실험 시작

001 Dessert

금손의 디저트 카페

002 Reverse

반전! 뒤집기 키링

003 Cinema

단짠단짠 시네마

004 Baseball

베이스볼 러버스 클럽

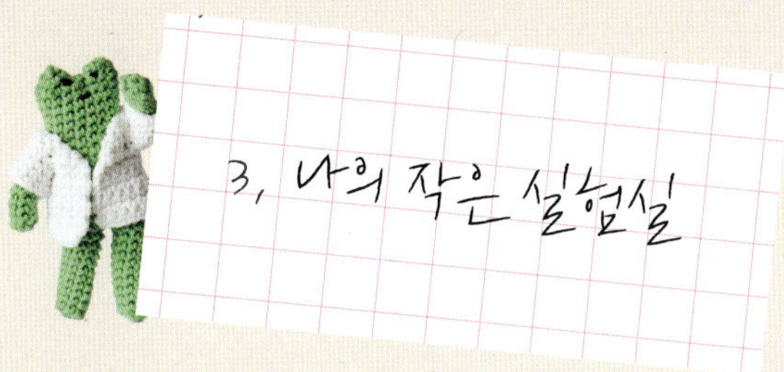

3. 나의 작은 실험실

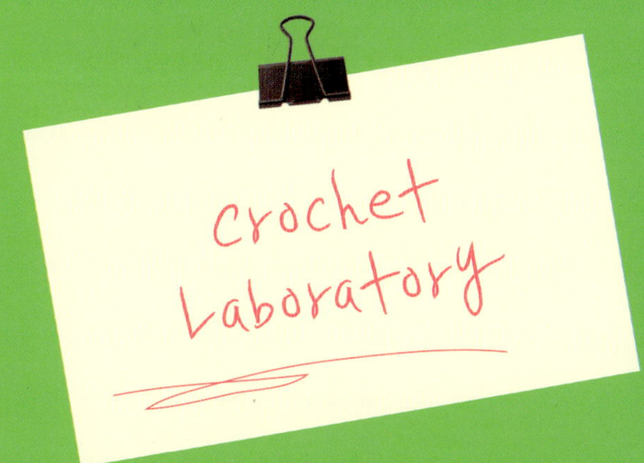

crochet
Laboratory

P.052

Project : 001
DESSERT
금손의 디저트 카페
딸기 케이크 휴지 케이스, 푸딩 파르페 소품함,
청포도 타르트 핀쿠션, 롤케이크 코스터

Project : 002
REVERSE
반전! 뒤집기 키링
키위새<->키위, 돌하르방<->귤, 케찹<->토마토

P.066

Project : 003
CINEMA
단짠단짠 시네마
팝콘 미니 파우치, 팝콘 파우치, 필름 카드 지갑,
버터 오징어군 키링
P.080
POP

Project : 004
BASEBALL
베이스볼 러버스 클럽
모자 쓴 야구공 키링, 생맥주 에어팟 파우치,
스트라이크 코스터, 베이스볼 유니폼

P.092

Project : 005

GOOD LUCK

행운 수집 동아리

액막이 개굴씨, 판다의 행운 수집함, 행운 부적
키링, 행운 산책 커튼발

P.106

P.124

Project : 006
SQUISHY
말랑화 실험
말랑 돼지 저금통, 말랑 주사위, 말랑 단추 북
파우치, 말랑 지구본

Project : 007
SUMMER

여름이었다
선풍기 키링, 소프트콘 립 파우치, 능소화 키링,
방파제 핀쿠션, 개굴씨의 수영복

P.148

Project : 008

GRANNY

금손 할머니의 뜨개방

오후 테이블 매트, 방울방울 전등갓, 마카롱
옷걸이 커버, 조각 미니백

P.168

실과 준비물

코바늘 기초 기법

뜨면서 익혀요!

+ 개굴씨 만들기

+ 개굴씨의 실험복 만들기

part 1

실과 준비물

실

벨루토
약 100g, 약 68m · Micropoly 100% · 알리제
권장 코바늘: 5.0~6.0mm
폭신폭신한 느낌의 극세사 실입니다. 굵지만 코가 잘 보여 큰 작품을 만들 때 사용하기 좋습니다.

로미오
약 50g, 약 120m · Cotton 60%, Acrylic 40% · 쎄비
권장 코바늘: 3.0~4.0mm
코바늘 인형이나 소품을 만들기에 적합한 굵기와 질감의 실입니다. 기본 색 위주로 구성되어 있으며 선명함이 특징입니다. 한 볼의 양이 많아 다양한 작품을 뜨기에도 좋습니다.

통통이코튼
약 70g, 약 80m · Coma cotton 100% · 앵콜스
권장 코바늘: 3.5~5.0mm
코마면 소재의 굵은 실입니다. 면 소재 특성상 가방이나 바스켓 등 탄탄하게 완성되어야 하는 작품에 적합합니다.

롤리코튼
약 30g, 약 60m · Combed cotton 60%, Acrylic 40% · 앵콜스
권장 코바늘: 2.5~3.0mm
코바늘 인형이나 소품을 만들 때 적합한 기본 소품실입니다. 다양하고 쨍한 색감이 장점이며, 잘 꼬여 있는 연사라 초보자가 사용하기에도 좋습니다.

포슬
약 45g, 약 110m · Polyester 100% · 앵콜스
권장 코바늘: 3.0~3.5mm
귀여운 색감의 수면사입니다. 이름 그대로 포슬포슬한 느낌이라 독특한 질감을 표현하기에 좋습니다. 작품의 포인트가 되는 부분을 만들 때 적합합니다.

퍼지퍼지
약 50g, 약 72m · Anti peeling nylon 100% · 앵콜스
권장 코바늘: 3.5~5.0mm
파스텔 색감에 솜털 같은 질감이 특징입니다. 같은 작품이라도 퍼지퍼지로 뜨면 조금 더 아기자기해집니다.

도구

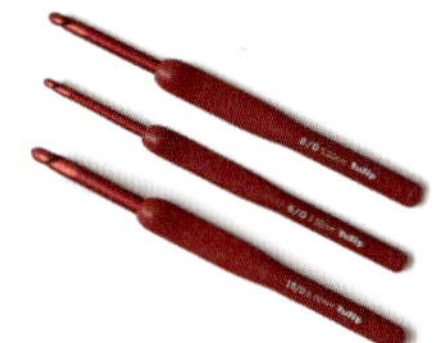

코바늘

갈고리 모양의 끝부분을 이용해 실을 엮어 편물을 만드는 도구입니다. 바늘의 굵기에 따라 레이스 코바늘, 모사용 코바늘, 점보 코바늘 등으로 나뉘며, 숫자가 커질수록 바늘도 굵어집니다. 이 책에서는 모사용 6/0호(3.5mm), 8/0호(5.0mm), 10/0호(6.0mm) 코바늘을 사용합니다.

콧수 표시링(마커)

뜨개 중 길을 잃지 않게 돕는 내비게이션 같은 도구입니다. 첫 번째 코나 단 등 잊기 쉬운 부분에 걸면 코가 늘거나 주는 실수 없이 도안과 같은 콧수의 작품을 완성할 수 있습니다.

가위

실을 자르고 뜨개를 마무리할 때 사용합니다. 기왕이면 귀여운 디자인으로 고르면 뜨개 시간이 더 즐겁습니다.

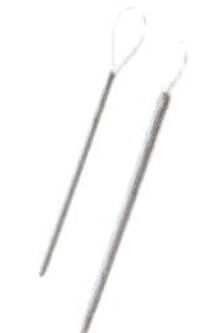

돗바늘

편물을 연결하거나 남은 실을 정리할 때, 혹은 편물에 수놓을 때 사용합니다. 바늘귀 부분이 낚싯줄(나일론)로 된 제품을 사용하면 굵은 실도 쉽게 꿸 수 있어 추천합니다.

방울솜

인형 같은 입체적인 작품을 만들 때 필요합니다. 꼭 새로 구입할 필요 없이 집 어딘가 잠들어 있는 쿠션이나 베개 속에서 슬쩍 빌려와도 충분합니다.

줄자(자)

편물의 크기를 정확하게 측정할 때 사용합니다.

올풀림 방지액

뜨개용 실은 여러 가닥이 합쳐져 연사된 경우가 많습니다. 올풀림 방지액을 소량 사용하면 실이 여러 갈래로 풀리는 것을 방지할 수 있습니다. 다 마르면 투명하고 단단해집니다. 이 책에서는 가와구찌 제품을 사용했습니다.

시침핀

수놓을 위치를 표시할 때 사용합니다. 뜨개 인형의 눈, 입 등 중요한 위치에 미리 꽂아 두면 대칭을 맞추기 수월합니다.

군번줄

완성한 작품에 끼워 간단하게 키링으로 만들 수 있습니다. 작품과 어울리는 색상의 군번줄을 골라 사용합니다

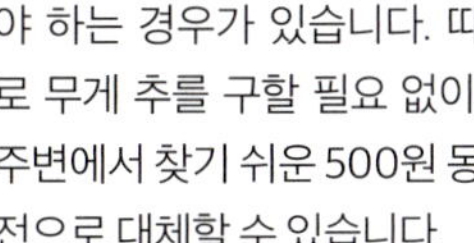

500원 동전

책 속 작품 중 중심을 잡아 줘야 하는 경우가 있습니다. 따로 무게 추를 구할 필요 없이, 주변에서 찾기 쉬운 500원 동전으로 대체할 수 있습니다.

코바늘 기초 기법

코의 위치

한 코
추가 설명이 없을 경우, 모든 기법은 기본적으로 한 코에 뜹니다.

앞반코
앞반코에 뜬다는 설명이 있으면 몸쪽에 가까운 반코에 코바늘을 넣고 뜹니다.

뒤반코
반코 혹은 뒤반코에 뜬다는 설명이 있으면 몸과 먼 반코에 코바늘을 넣고 뜹니다.

코 뒤쪽 한 가닥
코 뒤쪽 한 가닥에 뜬다는 설명이 있으면 '한 코'의 뒤쪽에 위치하고 있는 한 가닥을 찾아 코바늘을 넣고 뜹니다.

사슬의 코산
코산에 뜬다는 설명이 있으면 사슬 뒤에 있는 코산에 코바늘을 넣고 뜹니다.

매직링, 기둥 사슬

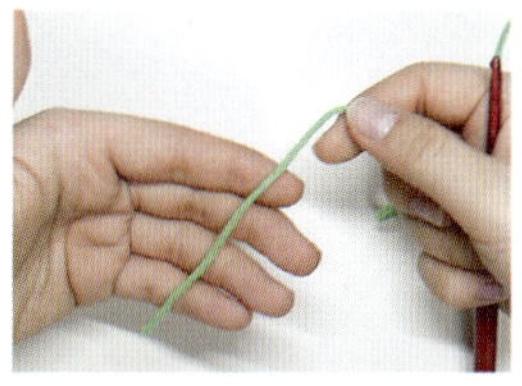

1 실꼬리를 왼손으로 잡습니다. 이때 실꼬리가 아래를 향하게 합니다.

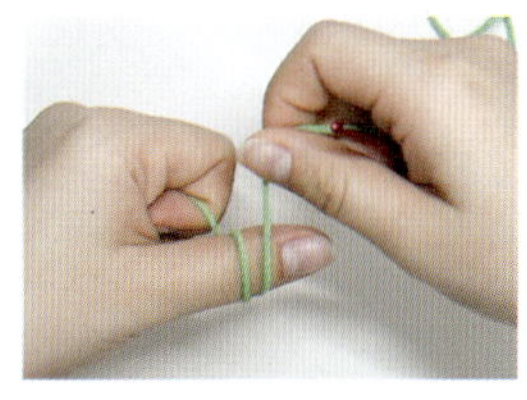

2 왼손 엄지에 실을 2바퀴 감습니다. 남은 실도 왼손으로 잡습니다.

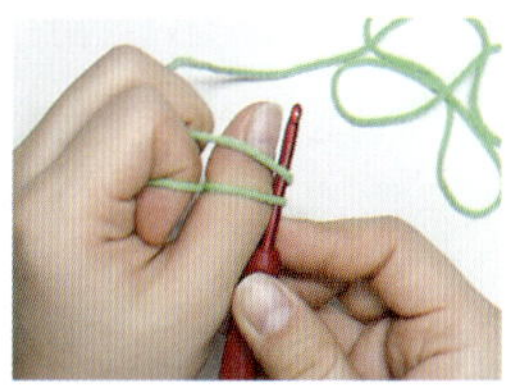

3 코바늘을 엄지와 같은 방향으로 두고 엄지에 걸린 두 실을 통과시킵니다.

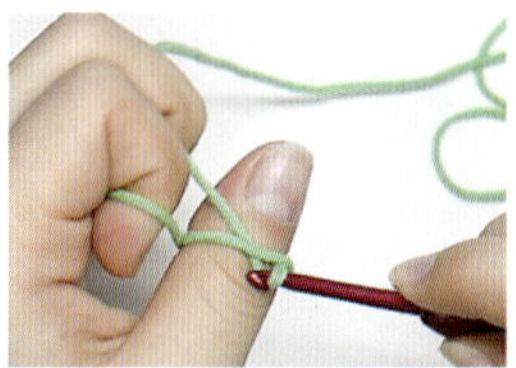

4 엄지 위쪽에 걸린 실을 코바늘로 끌어 아래쪽 실 아래로 끌고 나옵니다.

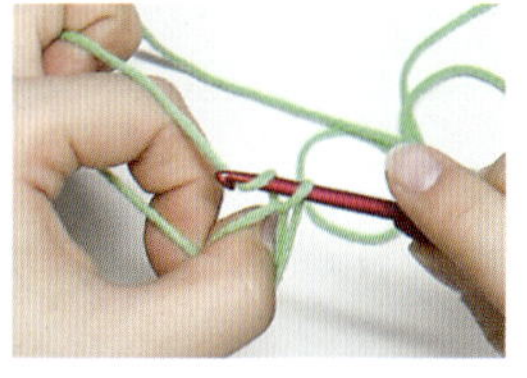

5 2에서 잡은 실을 코바늘로 끌어 이미 걸려 있는 실 아래로 통과시킵니다.

6 매직링과 기둥 사슬 1개가 완성되었습니다.

사슬

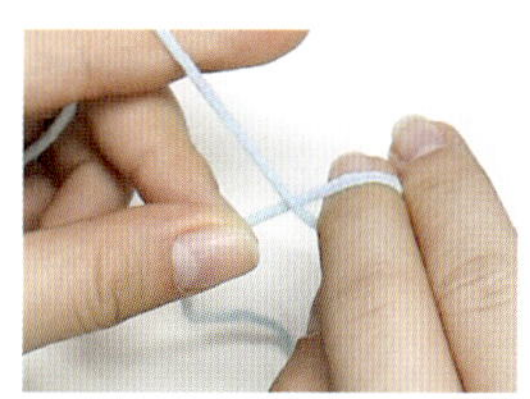

1 실꼬리가 아래를 향하게 두고 실로 사진과 같이 원을 만듭니다.

2 원 사이로 진행할 실을 끌고 나와 고리를 만듭니다.

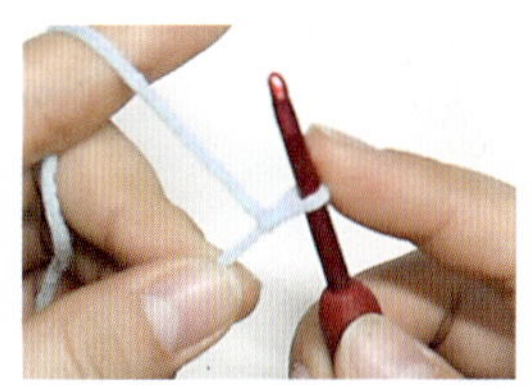

3 만들어진 고리에 코바늘을 넣고 조입니다.

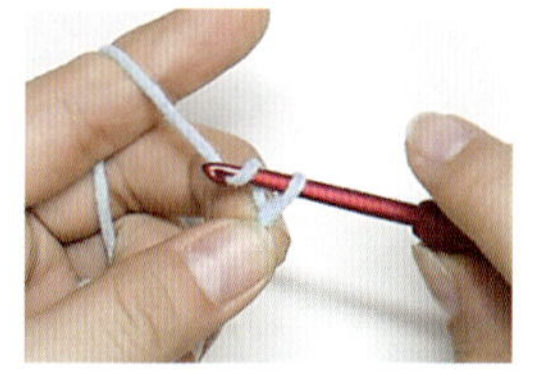

4 검지에 걸린 실을 코바늘로 끌어 이미 걸려 있는 고리 아래로 통과시킵니다. 사슬 하나가 만들어졌습니다.

짧은뜨기

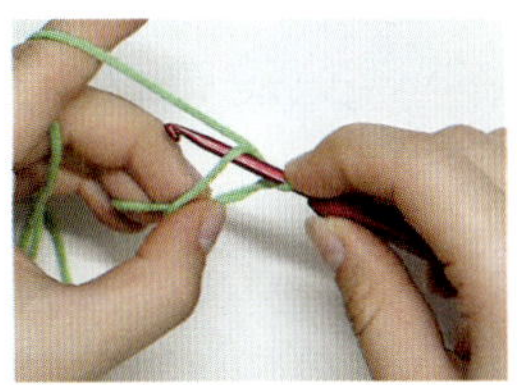

1 매직링 (혹은 사슬) 안으로 코바늘을 넣습니다.

2 검지에 걸린 실을 코바늘로 끌어 1의 매직링 (혹은 사슬) 안으로 통과시킵니다.

3 코바늘에 실이 2가닥 걸려 있습니다.

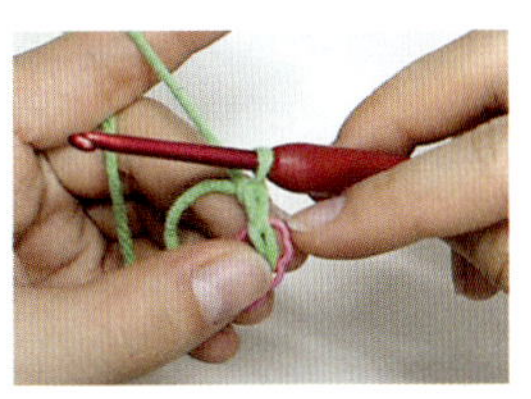

4 검지에 걸린 실을 코바늘로 끌어 이미 걸려 있는 2가닥의 실 아래로 한꺼번에 통과시킵니다.

5 짧은뜨기 1코가 완성되었습니다. 첫 코일 경우, 마커를 달아 첫 코를 표시합니다.

짧은 2코 늘려뜨기

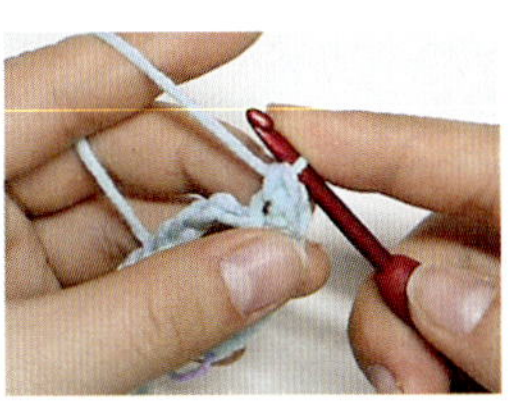

1 짧은뜨기를 1코 뜹니다.

2 같은 코에 짧은뜨기를 1코 더 뜹니다. 짧은 2코 늘려뜨기 하나가 완성되었습니다.

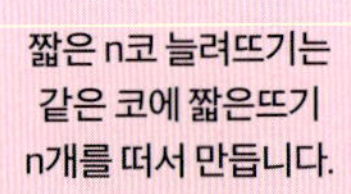

짧은 2코 모아뜨기

1 코에 코바늘을 넣어 검지에 걸린 실을 끌고 나옵니다.

2 그대로 다음 코에 코바늘을 넣어 똑같이 실을 끌고 나옵니다. 코바늘에 실이 3가닥 걸려 있습니다.

3 검지에 걸린 실을 코바늘로 끌어 이미 걸려 있는 3가닥의 실 아래로 한꺼번에 통과시킵니다. 짧은 2코 모아뜨기 하나가 완성되었습니다.

긴뜨기

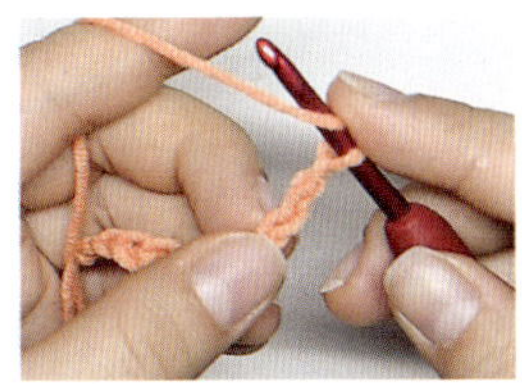

1 코바늘에 실을 한 번 감습니다.

2 다음 코에 코바늘을 넣고 검지에 걸린 실을 끌고 나옵니다. 코바늘에 실이 3가닥 걸려 있습니다.

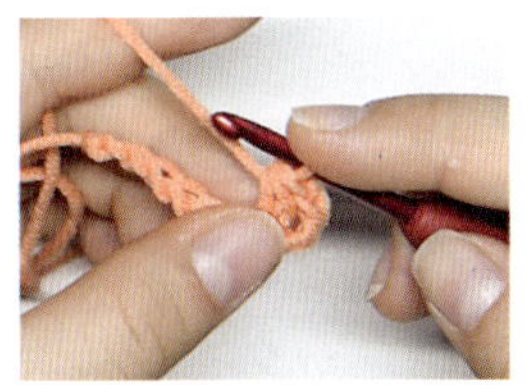

3 검지에 걸린 실을 코바늘로 끌어 이미 걸려 있는 3가닥의 실 아래로 한꺼번에 통과시킵니다.

긴 2코 늘려뜨기

1 긴뜨기 1코를 뜹니다.

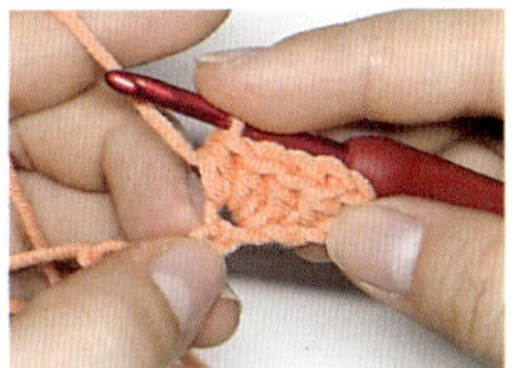

2 같은 코에 긴뜨기를 1코 더 뜹니다. 긴 2코 늘려뜨기 하나가 완성되었습니다.

긴 2코 모아뜨기

1 코바늘에 3가닥의 실이 걸린 미완성 긴뜨기를 만듭니다.

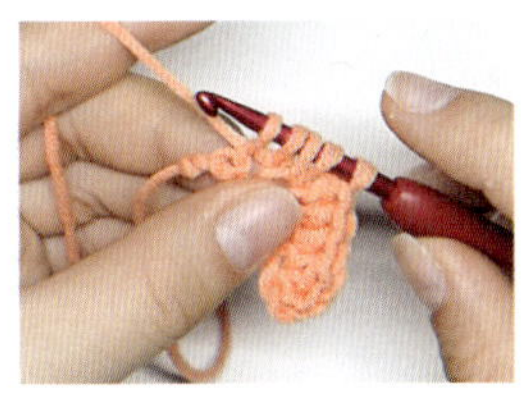

2 그대로 다음 코에서 미완성 긴뜨기를 하나 더 만듭니다. 코바늘에 실이 5가닥 걸려 있습니다.

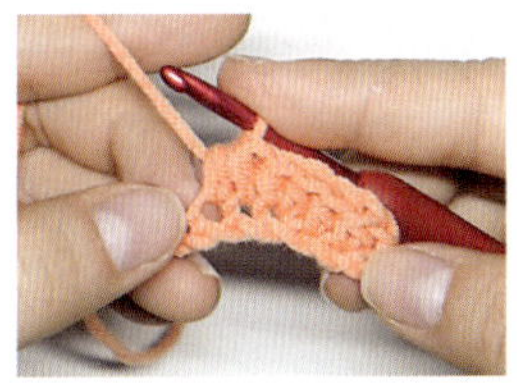

3 검지에 걸린 실을 코바늘로 끌어 이미 걸려 있는 5가닥의 실 아래로 한꺼번에 통과시킵니다.

긴 3코 구슬뜨기

긴 n코 구슬뜨기는 같은 코에 미완성 긴뜨기를 n개 만들고 한꺼번에 통과시켜서 완성합니다.

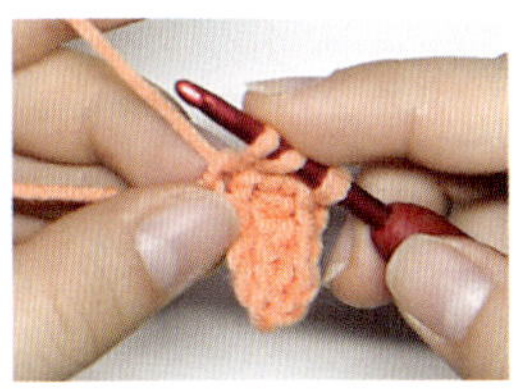

1 코바늘에 3가닥의 실이 걸린 미완성 긴뜨기를 만듭니다.

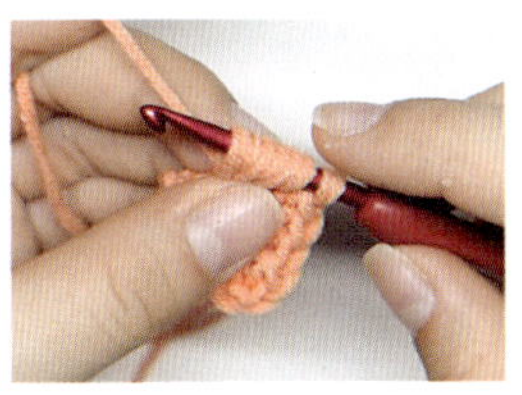

2 같은 코에 미완성 긴뜨기를 2개 더 만듭니다. 코바늘에 실이 7가닥 걸려 있습니다.

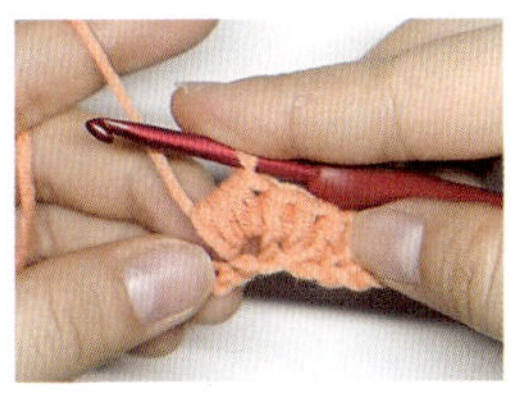

3 검지에 걸린 실을 코바늘로 끌어 이미 걸려 있는 7가닥의 실 아래로 한꺼번에 통과시킵니다.

한길 긴뜨기

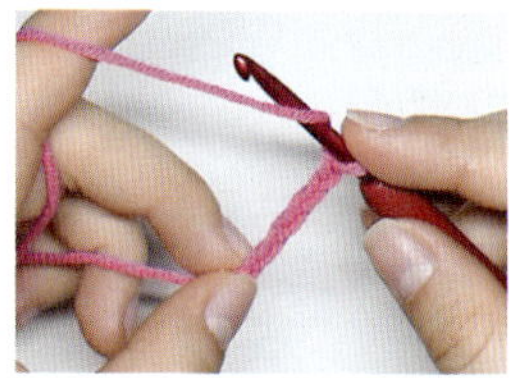

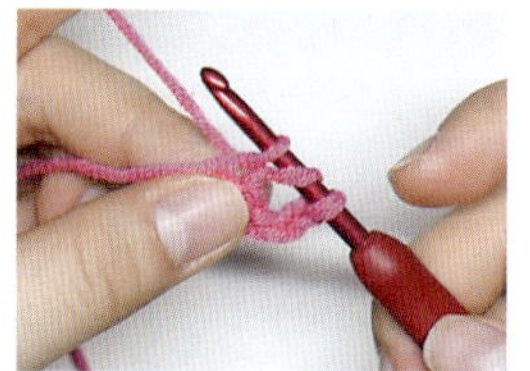

1 코바늘에 실을 한 번 감습니다.

2 다음 코에 코바늘을 넣고 검지에 걸린 실을 끌고 나옵니다. 코바늘에 실이 3가닥 걸려 있습니다.

3 검지에 걸린 실을 코바늘로 끌어 3가닥 중 위쪽 2가닥 아래로 한꺼번에 통과시킵니다. 이제 코바늘에 실이 2가닥 걸려 있습니다.

4 검지에 걸린 실을 코바늘로 끌어 남은 2가닥 아래로 한꺼번에 통과시킵니다. 한길 긴뜨기 1코가 완성되었습니다.

한길 긴 2코 늘려뜨기

1 한길 긴뜨기 1코를 뜹니다.

2 같은 코에 한길 긴뜨기를 1코 더 뜹니다. 한길 긴 2코 늘려뜨기 하나가 완성되었습니다.

한길 긴 n코 늘려뜨기는 같은 코에 한길 긴뜨기 n개를 떠서 만듭니다.

한길 긴 3코 늘려뜨기(코 아래에서)

1 코바늘에 실을 한 번 감고 뜰 곳(사슬 아래의 공간)에 코바늘을 넣습니다.

2 검지에 걸린 실을 코바늘로 끌고 나옵니다. 코바늘에 실이 3가닥 걸려 있습니다.

3 검지에 걸린 실을 코바늘로 끌어 3가닥 중 위쪽 2가닥 아래로 통과시킵니다. 동일한 방법으로 남은 2가닥의 실도 통과시킵니다. 한길 긴뜨기 1코가 완성되었습니다.

4 동일한 방법으로 같은 코에 총 3개의 한길 긴뜨기를 만들면 완성입니다.

한길 긴 2코 모아뜨기

1 코바늘에 실을 한 번 감고 다음 코에 코바늘을 넣어 검지에 걸린 실을 끌고 나옵니다. 코바늘에 걸린 3가닥 중 위쪽 2가닥만 통과시킨 미완성 한길 긴뜨기를 만듭니다.

2 다음 코에 미완성 한길 긴뜨기를 하나 더 만듭니다. 코바늘에 실이 3가닥 걸려 있습니다.

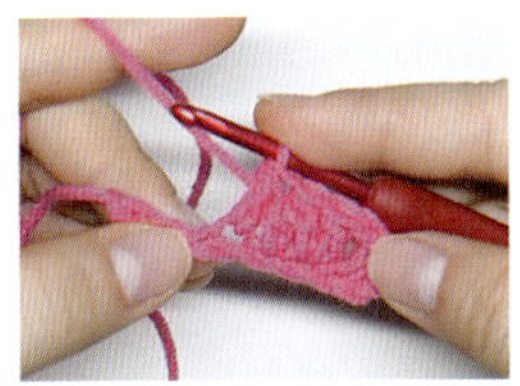

3 검지에 걸린 실을 코바늘로 끌어 3가닥을 한꺼번에 통과시키면 완성입니다.

한길 긴 3코 구슬뜨기

한길 긴 n코 구슬뜨기는 같은 코에 미완성 한길 긴뜨기를 n개 만들고 한꺼번에 통과시켜서 완성합니다.

1 미완성 한길 긴뜨기를 하나 만듭니다. 코바늘에 실이 2가닥 걸려 있습니다.

2 같은 코에 미완성 한길 긴뜨기 2개를 더 만듭니다. 코바늘에 실이 4가닥 걸려 있습니다.

3 검지에 걸린 실을 코바늘로 끌어 4가닥을 한꺼번에 통과시킵니다.

한길 긴 3코 팝콘뜨기

한길 긴 n코 팝콘뜨기는 같은 코에 한길 긴뜨기를 n개 만들고 빼뜨기해 완성합니다.

1 한 코에 한길 긴뜨기를 3개 만듭니다.

2 코바늘을 뺍니다. 이때 코바늘이 있던 고리가 사라지지 않게 주의합니다.

3 해당 코의 첫 번째 한길 긴뜨기 코에 코바늘을 넣고 2의 구멍을 걸어 끌고 나옵니다. (빼뜨기)

두길 긴뜨기

n길 긴뜨기는 코바늘에 실을 n번 감고 제일 위에 위치한 2가닥씩 통과시켜 완성합니다.

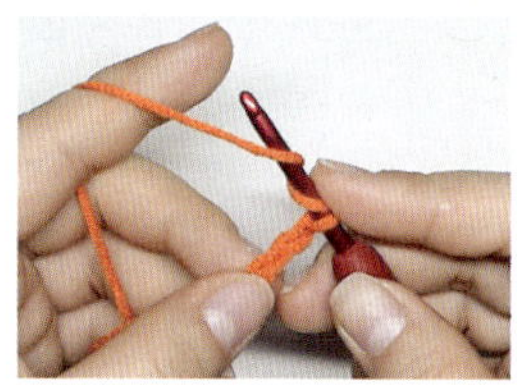

1 코바늘에 실을 두 번 감 습니다.

2 다음 코에 코바늘을 넣 고 검지에 걸린 실을 끌 고 나옵니다. 코바늘에 실이 4 가닥 걸려 있습니다.

3 검지에 걸린 실을 걸어 코바늘 제일 위에 위치 한 2가닥씩 차례대로 통과시 키면 완성입니다.

다섯길 긴 2코 늘려뜨기
(사이에 사슬 3코)

1 다섯길 긴뜨기를 1코 뜹 니다.

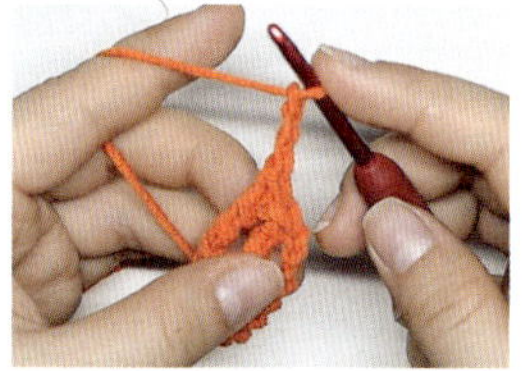

2 사슬을 3개 만듭니다.

3 동일한 코에 다섯길 긴 뜨기를 1코 더 뜨면 완성 입니다.

겹긴뜨기

1 긴뜨기를 뜨듯 코바늘에 실을 한 번 감습니다.

2 전 단의 코가 아닌, 두 단 전의 코에 코바늘을 넣 어 검지에 걸린 실을 끌고 나 옵니다. 코바늘에 실이 3가닥 걸려 있습니다.

3 검지에 걸린 실을 끌어 이미 걸려 있는 3가닥에 한꺼번에 통과시킵니다.

'짧은뜨기 1+긴뜨기 1+짧은뜨기 1' 모아뜨기

1 코에 코바늘을 넣고 검 지에 걸린 실을 끌고 나 옵니다.

2 코바늘에 실을 한 번 감 고 다음 코에 코바늘을 넣어 검지에 걸린 실을 끌고 나옵니다.

  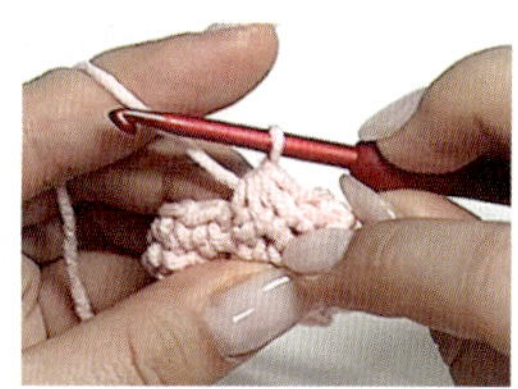

3 코바늘에 실이 4가닥 걸려 있습니다.

4 다음 코에 코바늘을 넣어 검지에 걸린 실을 끌고 나옵니다. 코바늘에 실이 5가닥 걸려 있습니다.

5 검지에 걸린 실을 끌어 이미 걸려 있는 5가닥에 한꺼번에 통과시킵니다. 짧은뜨기, 긴뜨기, 짧은뜨기 총 3개의 코가 하나의 코로 모아졌습니다.

빼뜨기

1 빼뜨기할 코에 코바늘을 넣고 검지에 걸린 실을 끌고 나옵니다.

2 코바늘에 실이 2가닥 걸려 있습니다.

3 코바늘 머리쪽에 걸린 실을 아래에 걸린 실 아래로 통과시킵니다. 빼뜨기가 완성되었습니다.

이중 사슬뜨기

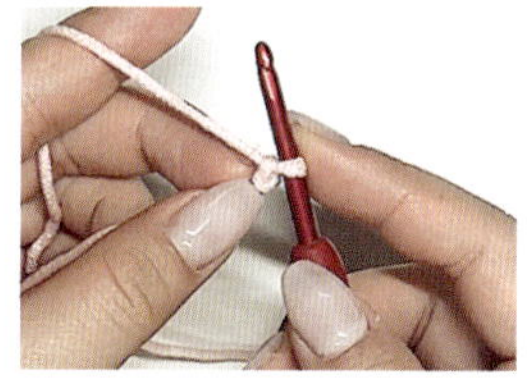 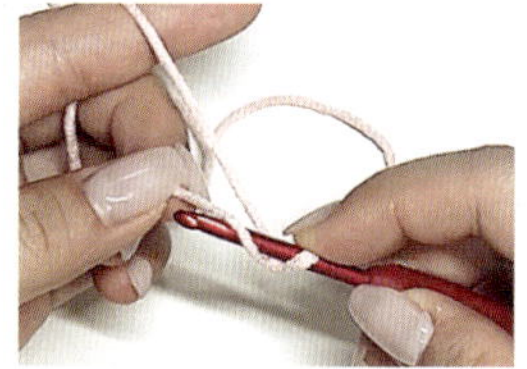 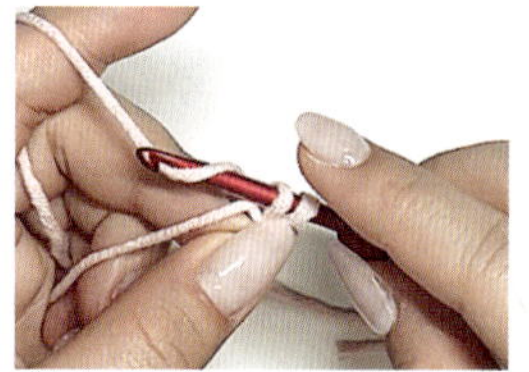 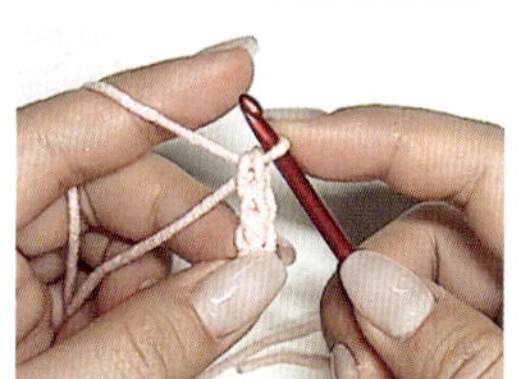

1 실꼬리를 길게 남긴 후 고리를 만들어 코바늘을 넣습니다.

2 길게 남긴 실꼬리를 코바늘에 한 번 감습니다. 코바늘에 실이 2가닥 걸려 있습니다.

3 검지에 걸린 실을 끌어 이미 걸려 있는 2가닥 아래로 통과시킵니다. 이중 사슬뜨기 하나가 만들어졌습니다.

4 원하는 길이가 될 때까지 2~3을 반복합니다.

뜨면서 익혀요!

개굴씨 만들기

실: 쎄비 로미오 47호
(연두색) 15g, 69호 (검정) 1g

도구: 3.5mm 코바늘, 솜,
돗바늘, (움직이는 개굴씨를
만들고 싶은 경우)
공예용 철사(2mm)

이 책에서는 서술 도안과 기호 도안을 함께 소개합니다. 서술 도안은 뜨는 방법을 글로 설명하는 도안입니다. 도안을 잘 읽고 차례대로 뜨면 어렵지 않게 작품을 완성할 수 있습니다.

이 책에서 사용한 서술 도안의 규칙을 소개합니다.

- '+' 표시가 있을 경우, 같은 코에 양쪽의 기법을 뜨면 됩니다.
  예) 긴뜨기 1+짧은뜨기 1 = 한 코에 긴뜨기 1코와 짧은뜨기 1코를 뜨면 됩니다.
- '[ ] x n' 표시가 있으면 괄호 안의 모든 기법을 순서대로 n번 반복하면 됩니다.
  예) [긴뜨기 1, 짧은뜨기 1] x 2 = 긴뜨기 1코, 짧은뜨기 1코, 긴뜨기 1코, 짧은뜨기 1코를 뜨면 됩니다.

서술 도안이 익숙하지 않은 분들을 위해 개굴씨 만드는 법을 과정별 사진과 함께 소개했습니다. 개굴씨를 만들면서 서술 도안 읽는 법을 익혀 보세요.

팔

기초단: 매직링, 기둥 사슬 1

1단: 짧은뜨기 6, 빼뜨기

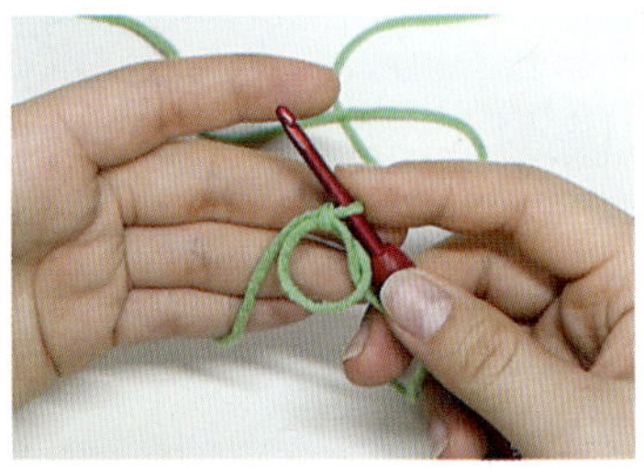

1 매직링을 만들고 기둥 사슬을 하나 만들어 원형뜨기를 할 준비를 합니다.

2 매직링에 짧은뜨기 6코를 뜹니다.

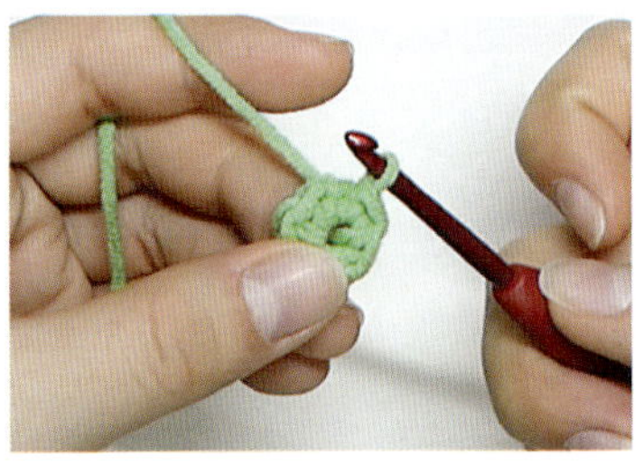

3 첫 코에 코바늘을 넣어 빼뜨기를 합니다. 매직링을 조입니다.

2~10단: 기둥 사슬 1, 짧은뜨기 6, 빼뜨기

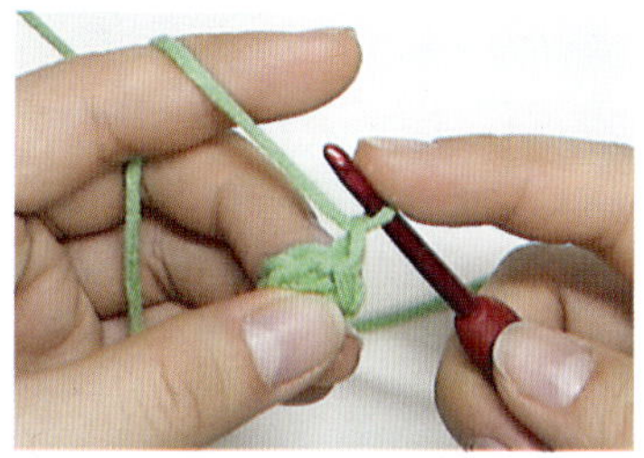

4 사슬을 하나 만듭니다. 이 사슬은 단의 기둥 역할을 합니다.

5 1단의 첫 번째 코부터 마지막 코까지 짧은뜨기를 뜹니다.

6 첫 번째 코에 빼뜨기를 합니다.

7 2단과 같은 방법(4~6)으로 10단까지 뜹니다.

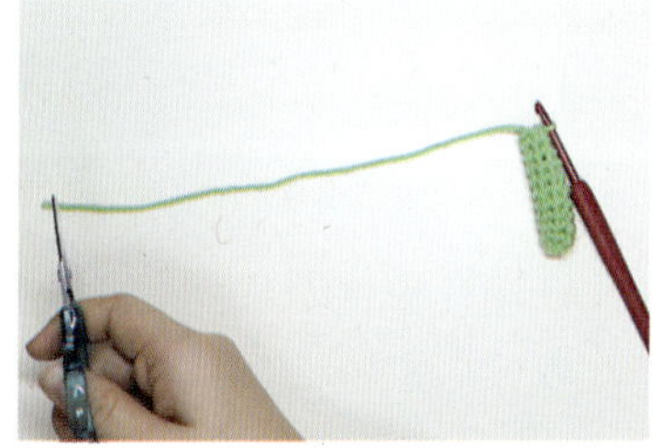

8 10단의 빼뜨기까지 마치고 실을 넉넉하게 20cm 남기고 자릅니다.

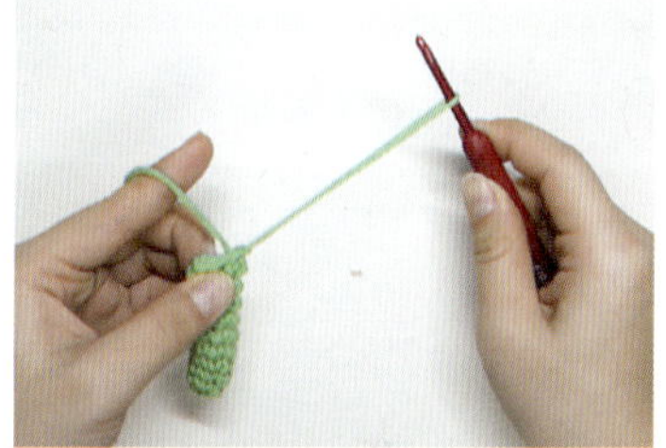

9 코바늘에 실이 걸린 채로 코바늘을 당겨 뺍니다.

10 같은 방법으로 총 2개의 팔을 만듭니다.

다리~얼굴

기초단: 매직링, 기둥 사슬 1

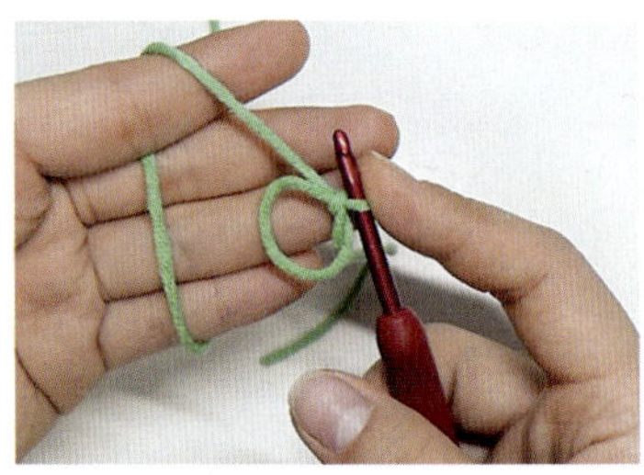

1 매직링을 만들고 기둥 사슬을 하나 만들어 원형뜨기를 할 준비를 합니다.

1단: 짧은뜨기 7, 빼뜨기

2 매직링에 짧은뜨기 7코를 뜹니다.

3 첫 코에 코바늘을 넣어 빼뜨기를 합니다. 매직링을 조입니다.

2~12단: 기둥 사슬 1, 짧은뜨기 7, 빼뜨기

4 사슬을 하나 만듭니다.

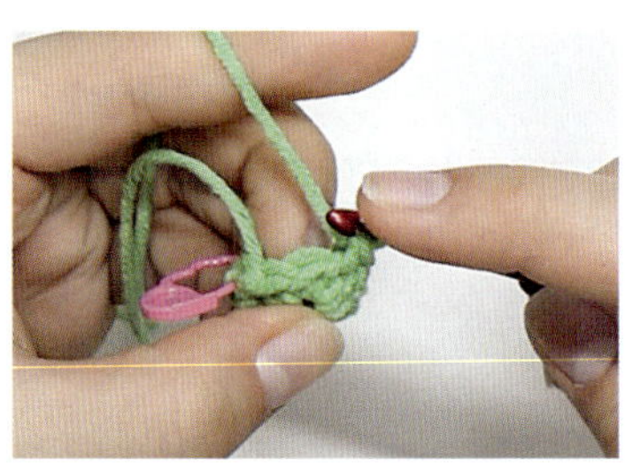

5 1단의 첫 번째 코부터 마지막 코까지 짧은뜨기를 뜹니다.

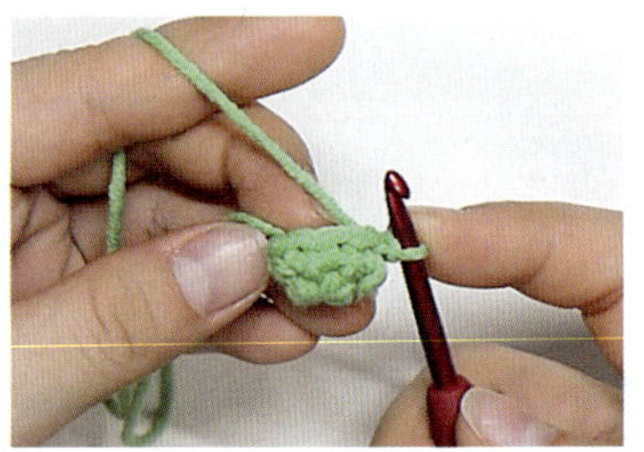

6 첫 번째 코에 빼뜨기를 합니다.

7 2단과 같은 방법(4~6)으로 12단까지 뜹니다.

8 12단의 빼뜨기까지 마치고 실을 넉넉하게 20cm 남기고 자릅니다. 코바늘에 실이 걸린 채로 코바늘을 당겨 뺍니다.

9 '다리~얼굴'의 기초단~12단까지를 한 번 더 반복해서 총 2개의 다리를 준비합니다. 두 번째 다리에서는 실을 자르지 않고 다음 단으로 이어서 진행합니다.

13단: 사슬 2, (반대쪽 다리 첫 코에) 빼뜨기, 기둥 사슬 1, (다리에) 짧은뜨기 7, (사슬에) 짧은뜨기 2, (다리에) 짧은뜨기 7, (사슬에)

짧은뜨기 2, 빼뜨기

10 사슬을 2개 만듭니다.

11 첫 번째 다리 편물을 가져와 첫 코에 빼뜨기를 합니다.

12 기둥 사슬을 하나 만들고 다리를 따라 짧은뜨기 7코를 뜹니다.

13 사슬 2개의 반코에 짧은뜨기 2코를 뜹니다.

14 다음 다리를 따라 짧은뜨기 7코를 뜹니다.

15 사슬의 남은 반코와 코산에 각각 짧은뜨기 2코를 뜹니다.

16 첫 번째 코에 빼뜨기를 합니다.

14~20단: 기둥 사슬 1, 짧은뜨기 18, 빼뜨기

17 기둥 사슬을 하나 만들고 짧은뜨기 18코를 뜹니다.

18 첫 번째 코에 빼뜨기를 합니다.

19 14단과 같은 방법(17~18)으로 20단까지 뜹니다.

21단: 기둥 사슬 1, 짧은뜨기 2, (팔과 함께) 짧은뜨기 3, 짧은뜨기 6, (팔과 함께) 짧은뜨기 3, 짧은뜨기 4, 빼뜨기

20 기둥 사슬을 하나 만들고 짧은뜨기 2코를 뜹니다.

21 만들어 둔 팔 편물 하나를 가져와 뜨기 편하게 납작하게 누릅니다.

22 팔의 앞부분에서 1코, 뒷부분에서 1코, 몸통에서 1코에 한꺼번에 코바늘을 넣습니다.

23 한꺼번에 짧은뜨기를 뜹니다. 동일한 방법으로 짧은뜨기를 2코 더 뜹니다.

24 몸통을 따라 짧은뜨기 6코를 뜹니다.

25 만들어 둔 다른 팔 편물을 가져와 동일한 방법으로 짧은뜨기 3코를 떠 연결합니다.

22~26단: 기둥 사슬 1, 짧은뜨기 18, 빼뜨기

26 몸통을 따라 짧은뜨기 4코를 뜨고 첫 번째 코에 빼뜨기를 합니다.

27 기둥 사슬을 하나 만들고 짧은뜨기 18코를 뜹니다. 첫 번째 코에 빼뜨기합니다.

28 22단과 같은 방법(27)으로 26단까지 뜹니다.

27-1단: 기둥 사슬 1, 짧은뜨기 8, (첫 코에) 빼뜨기

29 기둥 사슬을 하나 만들고 짧은뜨기 8코를 뜹니다.

30 첫 번째 코에 빼뜨기를 합니다. 공예용 철사를 준비했을 경우, 이 단계에서 넣어 모양을 잡습니다.

28-1단: 기둥 사슬 1, 짧은 2코 모아뜨기 4, 빼뜨기

31 기둥 사슬을 하나 만듭니다.

32 다음 코에 코바늘을 넣어 검지에 걸린 실을 끌고 나옵니다. 다음 코에도 코바늘을 넣어 검지에 걸린 실을 끌고 나옵니다. 코바늘에 실이 3가닥 걸려 있습니다.

33 검지에 걸린 실을 걸어 3가닥의 실을 한꺼번에 통과시킵니다. 짧은 2코 모아뜨기가 완성되었습니다. 총 4개의 짧은 2코 모아뜨기를 뜹니다.

34 첫 번째 코에 빼뜨기를 하고 실을 약 20cm 남기고 자릅니다.

35 코바늘에 실이 걸린 채로 코바늘을 당겨 뺍니다.

36 꼬리실을 돗바늘에 꿰어 모든 코에 지그재그로 통과시킵니다. 이때 모든 코의 앞반코만 통과시킵니다.

37 실을 조이고 꼬리실을 편물 안쪽 에만 남게 통과시켜서 짧게 자릅 니다.

38 편물에 솜을 넣습니다.

27-2단: 기둥 사슬 1, 짧은뜨기 8, (첫 코에) 빼뜨기

39 26단의 10번째 코에 코바늘을 넣 고 새 실을 걸어 끌고 나옵니다.

40 기둥 사슬을 하나 만들고 짧은뜨 기 8코를 뜹니다.

41 첫 번째 코에 빼뜨기를 합니다.

28-2단: 기둥 사슬 1, 짧은 2코 모아뜨기 4, 빼뜨기

42 기둥 사슬을 하나 만들고 짧은 2코 모아뜨기 4코를 뜹니다.

43 첫 번째 코에 빼뜨기를 하고 실을 자릅니다.

44 코바늘에 실이 걸린 채로 코바늘 을 당겨 뺍니다.

45 꼬리실을 돗바늘에 꿰어 모든 코에 지그재그로 통과시킵니다. 이때 모든 코의 앞반코만 통과시킵니다.

46 실을 조이고 꼬리실을 편물 안쪽에만 남게 통과시켜서 짧게 자릅니다.

눈과 입

1 시침핀으로 수놓을 곳을 표시합니다.

2 돗바늘에 검정색 실을 꿰어 편물 뒤로 넣습니다. 표시해 두었던 오른쪽 눈 위치에 통과시킵니다.

3 매듭을 지어 눈을 표현합니다.

4 왼쪽 눈 위치로 실을 끌고 간 후, 매듭을 지어 눈을 표현합니다.

5 입은 일자로 수놓습니다.

6 처음 실이 들어간 곳으로 바늘을 빼고 매듭을 짓습니다. 실을 짧게 자르고 매듭은 편물 내부로 숨겨 마무리합니다.

개굴씨의 실험복 만들기

실: 쎄비 로미오 1호(흰색) 7g
도구: 3.5mm 코바늘, 돗바늘

기호 도안은 뜨는 방법을 코바늘 기호로 표시한 도안입니다.

완성 편물과 유사한 모양을 하고 있어 익숙해지면 편물 구조를 직관적으로 이해할 수 있습니다. 처음에는 어려워 보일 수 있지만 읽는 법을 알고 나면 쉽습니다.

기호 도안은 편물을 뒤집어 가며 뜨는 평면 도안인지, 매직링에서 시작해 원형으로 떠 나가는 원형 도안인지에 따라 다르게 읽어야 합니다. 평면 도안의 경우, 기둥 사슬이 오른쪽에 있다면 오른쪽에서 왼쪽으로, 기둥 사슬이 왼쪽에 있다면 왼쪽에서 오른쪽으로 단마다 다른 방향으로 도안을 읽습니다. 기본적으로 아래에서 위로 올라 가니 제일 아래 있는 첫 단의 기둥 사슬 위치를 먼저 확인하세요. 원형 도안은 매직링에서 시작하는 중심부터 바깥쪽으로, 평면 도안과 달리 한 방향으로 도안을 읽습니다.

기호의 뜻을 먼저 익히고 개굴씨의 실험복을 만들며 기호 도안 읽는 법을 익혀 보세요.

전체 기호

기호	이름	기호	이름
◯	매직링	⅄	짧은 2코 모아뜨기
⬭	사슬	T	긴뜨기
●	빼뜨기	V	긴 2코 늘려뜨기
+	짧은뜨기	∧	긴 2코 모아뜨기
+ 짧은 뒤반코 뜨기 이와 같이 기법의 아래에 직선이 있으면 뒤반코에만 뜹니다.		◍	긴 3코 구슬뜨기
+ 짧은 앞반코 뜨기 이와 같이 기법의 아래에 곡선이 있으면 앞반코에만 뜹니다.		◍	긴 5코 구슬뜨기
V	짧은 2코 늘려뜨기	⌐T	겹긴뜨기
V	짧은 3코 늘려뜨기	⊤	한길 긴뜨기

한길 긴 2코 늘려뜨기

한길 긴 9코 늘려뜨기

한길 긴 2코 늘려뜨기(사이에 사슬 1코)

두길 긴뜨기

한길 긴 2코 모아뜨기

두길 긴 2코 늘려뜨기

한길 긴 3코 늘려뜨기

세길 긴뜨기

한길 긴 3코 늘려뜨기(코 아래에서)

다섯길 긴뜨기

한길 긴 3코 모아뜨기

다섯길 긴 2코 늘려뜨기(사이에 사슬 3코)

한길 긴 3코 구슬뜨기

진행 방향

긴뜨기 1+한길 긴뜨기 1
이와 같이 여러 기법의 아래가 하나로
묶여있으면 진행 방향을 따라 한 코에
차례대로 그려진 기법을 뜹니다.

한길 긴 4코 구슬뜨기

'짧은뜨기 1+긴뜨기 1+짧은뜨기 1' 모아뜨기
이와 같이 여러 기법의 위가 하나로
묶여있으면 기법을 차례대로 모아 떠서
한 코로 만듭니다.

한길 긴 4코 구슬뜨기(코 아래에서)

한길 긴 3코 팝콘뜨기

모티브 연결

한길 긴 4코 팝콘뜨기

진행 방향

한길 긴 4코 늘려뜨기(사이에 사슬 1코)
(코 아래에서)

실 새로 가져오기

한길 긴 6코 늘려뜨기(사이에 사슬 1코)
(코 아래에서)

실 자르기

몸판

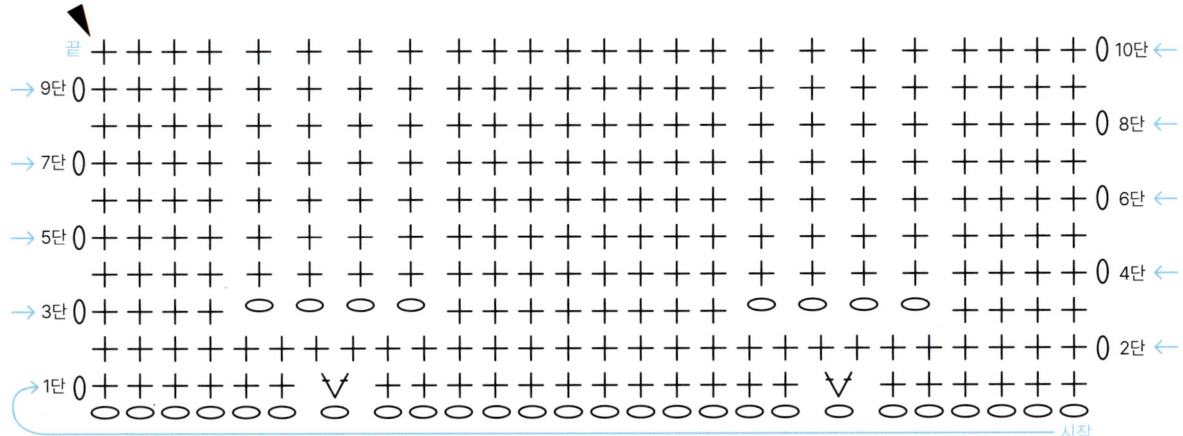

도안의 양쪽에 빼뜨기 없이 기둥 사슬만 있는 것으로 보아
편물을 뒤집어 가며 완성하는 평면 도안임을 알 수 있습니다.
1단의 기둥 사슬이 왼쪽에 있기 때문에 홀수단은 왼쪽에서
오른쪽으로, 기초단과 짝수단은 오른쪽에서 왼쪽으로
진행하면 됩니다.

기초단의 사슬 26코를 만들며 시작합니다.
26코가 끝나고 나면 세로에 사슬 하나가 보입니다. 이는 1단의
기둥 사슬입니다. 기둥 사슬을 하나 만들고 편물을 오른쪽으로
뒤집습니다. 도안을 따라 짧은뜨기 6코, 짧은 2코 늘려뜨기 1코,
짧은뜨기 12코, 짧은 2코 늘려뜨기 1코, 짧은뜨기 6코를 뜹니다.

2단도 기둥 사슬을 하나 만들고 편물을 오른쪽으로
뒤집습니다. 코바늘로부터 2번째 V자(기둥 사슬을 제외한
첫 번째 코)부터 모든 코를 짧은뜨기로 뜹니다.
3단에는 사슬을 이용해 구멍을 만드는 과정이 있습니다.
사슬을 4개 만들고 6코를 건너 뛰고 짧은뜨기를 뜨는 것에
유의하세요.
4단부터 10단까지는 기둥 사슬 후 모두 짧은뜨기를 뜹니다.
10단까지 뜨고 난 후, 실을 약 30cm 남기고 자릅니다.
실이 걸린 채로 코바늘을 당겨 뺍니다. 돗바늘로 꼬리실을 꿰어
코 사이에 숨기고 짧게 잘라 마무리합니다. 소매를 제외한
실험복이 완성되었습니다.

소매

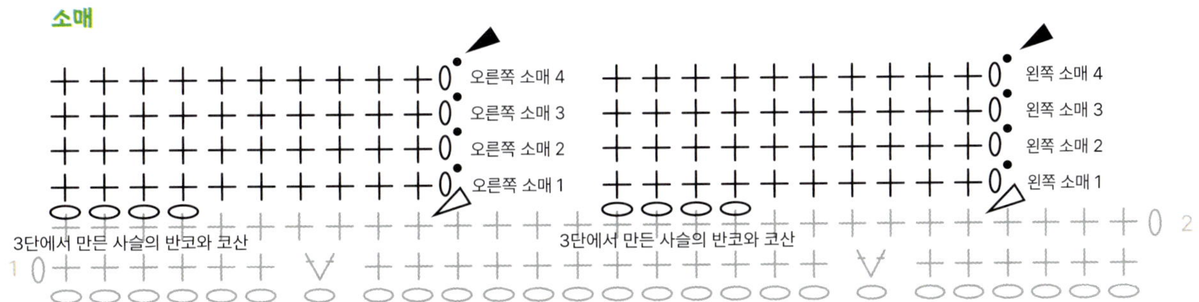

소매 도안은 몸판 도안과 달리 기둥 사슬과 빼뜨기가 함께 있는 것으로 보아
원형 도안임을 알 수 있습니다.

왼쪽 소매의 △ 기호 코에서 실을 새로 가지고 와 시작합니다.
몸판 2단에서 남겨 두었던 6개의 코에 짧은뜨기를 뜨고, 몸판 3단에서 만든 사슬의 반코와
코산에 4개의 짧은뜨기를 뜹니다. 첫 번째 코에 빼뜨기를 하면 1단이 완성됩니다.
2단부터 4단까지는 기둥 사슬 후 모든 코에 짧은뜨기를 뜨고 빼뜨기를 합니다.
4단까지 뜨고 ▲ 기호에서 실을 잘라 마무리하면 왼쪽 소매가 완성됩니다.
같은 방식으로 오른쪽 소매도 떠서 완성합니다.

Crochet
Laboratory

실험 시작

001 Dessert

002 Reverse

003 Cinema

part 2

004 Baseball

005 Good Luck

006 Squishy

007 Summer

008 Granny

Project :

001

금손의 디저트 카페

Making
Story

저는 빵순이로 소문날 만큼 디저트를 정말 좋아합니다.
제가 특히 좋아하는 디저트들을 코바늘로 표현해 보았어요.
맛있어 보이는 디저트 시리즈와 함께 달콤한 코바늘 타임 되세요!

001

Dessert

Crochet No.1	# 딸기 케이크 휴지 케이스
Making Story	딸기가 가득 들어가 더 싱그러운 휴지 케이스입니다. 생필품인 두루마리 휴지에 먼지가 안 쌓이도록 도와줍니다. 게다가 사용하지 않을 때는 딸기를 얹어 귀여운 인테리어 소품으로 변신시킬 수 있어요.
Photo	
How to Make	**뜨는 방법** ☐ 매직링을 이용해 기초단을 만듭니다. 매직링은 꽉 조이지 않고 약 4cm 지름의 구멍이 되도록 느슨하게 조입니다. ☐ 짧은뜨기와 짧은 2코 늘려뜨기를 이용해 케이크의 윗부분을 완성합니다. ☐ 6단부터는 케이크의 옆부분을 만듭니다. 한길 긴 3코 늘려뜨기와 한길 긴 3코 모아뜨기로 딸기 모양을 만들어 나갑니다. 화이트와 레드 배색 순서에 신경 쓰며 진행합니다.
Object	☐ 실: 알리제 벨루토 　　11(라임) 3g, 13(파스텔 노랑) 20g, 55(화이트) 40g, 56(레드) 20g ☐ 도구: 6.00mm 코바늘, 돗바늘 ☐ 크기: 지름 14, 높이 10cm

만드는 법

딸기 케이크

기초단: (화이트) 매직링

1단: 기둥 사슬 1 · 짧은뜨기 14 · 빼뜨기 (총 14코)

이때 매직링을 꽉 조이지 않고 약 4cm 지름의 구멍이 만들어지도록 느슨하게 조입니다.

2단: 기둥 사슬 1 · 짧은 2코 늘려뜨기 1 · [짧은뜨기 1 · 짧은 2코 늘려뜨기 1] × 6 · 짧은 2코 늘려뜨기 1 · 빼뜨기 (총 22코)

3단: 기둥 사슬 1 · [짧은뜨기 1 · 짧은 2코 늘려뜨기 1 · 짧은뜨기 1] × 7 · 짧은 2코 늘려뜨기 1 · 빼뜨기 (총 30코)

4단: 기둥 사슬 1 · [짧은뜨기 3 · 짧은 2코 늘려뜨기 1] × 7 · 짧은뜨기 1 · 짧은 2코 늘려뜨기 1 · 빼뜨기 (총 38코)

5단: 기둥 사슬 1 · 짧은뜨기 1 · [짧은뜨기 5 · 짧은 2코 늘려뜨기 1] × 6 · 짧은뜨기 1 · 빼뜨기 (총 44코)

6단: (파스텔 노랑) 기둥 사슬 3 · 한길 긴뜨기 43 · 빼뜨기 (총 44코)

7단: (화이트) 기둥 사슬 2 · 한길 긴 2코 모아뜨기 1 · [(레드) 한길 긴 3코 늘려뜨기 1 · (화이트) 한길 긴 3코 모아뜨기 1] × 10 · (레드) 한길 긴 3코 늘려뜨기 · 빼뜨기 (총 44코)

8단: (파스텔 노랑) 기둥 사슬 3 · 한길 긴뜨기 43 · 빼뜨기 (총 44코)

9단: (화이트) 기둥 사슬 2 · 한길 긴 2코 모아뜨기 1 · [(레드) 한길 긴 3코 늘려뜨기 1 · (화이트) 한길 긴 3코 모아뜨기 1] × 10 · (레드) 한길 긴 3코 늘려뜨기 1 · 빼뜨기 (총 44코)

10단: (파스텔 노랑) 기둥 사슬 3 · 한길 긴뜨기 43 · 빼뜨기 (총 44코)

실을 잘라 마무리합니다.

뚜껑

· 딸기

기초단: (레드) 매직링

1단: 기둥 사슬 1 · 짧은뜨기 6 · 빼뜨기 (총 6코)

매직링을 조입니다.

2단: 기둥 사슬 1 · 짧은뜨기 6 · 빼뜨기 (총 6코)

3단: 기둥 사슬 1 · 짧은뜨기 6 · 빼뜨기 (총 6코)

실을 자르고 돗바늘로 모든 코를 통과시킨 후 조입니다.

딸기 케이크

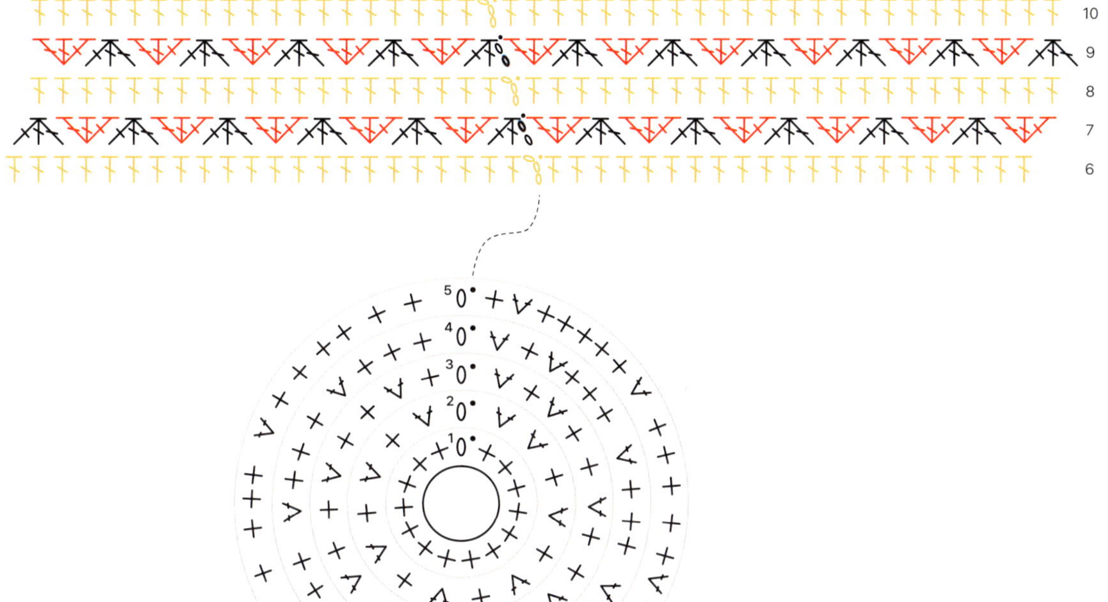

- 잎

기초단: (라임) 사슬 3

1단: 기둥 사슬 1 · 짧은뜨기 1 · 한길 긴뜨기 1 · 짧은뜨기 1 · 사슬 1 · 빼뜨기
실을 잘라 마무리합니다.

완성한 잎은 딸기 3단에 돗바늘을 이용해 연결합니다.

Crochet No.2	# 푸딩 파르페 소품함

Making Story

파르페 잔 특유의 각진 실루엣과 체리가 얹어진 카라멜 푸딩의 귀여운 색감에 집중해
디자인한 소품함입니다. 자주 사용하는 단수링이나 액세서리들을 담아보세요.
푸딩은 소품함의 뚜껑이, 작은 체리는 소품함의 손잡이가 된답니다.
뒤반코뜨기와 앞반코뜨기를 이용해 다양한 각을 만드는 즐거움을 느껴보세요.

Photo

How to Make

뜨는 방법

- ☐ 푸딩은 매직링으로 시작해 원형뜨기로 단을 늘립니다.
  실을 바꿔 뜨며 뚜껑 형태를 완성합니다.
- ☐ 파르페 잔은 바닥부터 시작합니다. 이때 쓰러지지 않도록
  500원 동전을 무게 추로 이용합니다.
- ☐ 체리는 한길 긴 4코 구슬뜨기로 만듭니다.

Object

- ☐ 실: 쎄비 로미오
  A-9호(연노랑) 3g, B-30호(주황빛빨강) 1g, C-33호(아쿠아) 12g,
  D-60호(카라멜) 3g
- ☐ 도구: 3.5mm 코바늘, 돗바늘, 500원 동전, 올풀림 방지액
- ☐ 크기: 가로 7, 세로 7, 높이 10cm

만드는 법

푸딩

기초단: (D실) 매직링

1단: 기둥 사슬 1 · 짧은뜨기 6 · 빼뜨기 (총 6코)

매직링을 조입니다.

2단: 기둥 사슬 1 · 짧은 2코 늘려뜨기 6 · 빼뜨기 (총 12코)

3단: 기둥 사슬 1 · [짧은뜨기 1 · 짧은 2코 늘려뜨기 1] × 6 · 빼뜨기 (총 18코)

4단: 기둥 사슬 1 · [짧은뜨기 1 · 짧은 2코 늘려뜨기 1 · 짧은뜨기 1] × 6 · 빼뜨기 (총 24코)

5단: 모든 코를 뒤반코뜨기로 뜹니다.

(A실) 기둥 사슬 1 · [짧은뜨기 7 · 짧은 2코 늘려뜨기 1] × 3 · 빼뜨기 (총 27코)

6단: 기둥 사슬 1 · 짧은뜨기 27 · 빼뜨기 (총 27코)

7단: 기둥 사슬 1 · [짧은뜨기 4 · 짧은 2코 늘려뜨기 1 · 짧은뜨기 4] × 3 · 빼뜨기 (총 30코)

8단: 기둥 사슬 1 · 짧은뜨기 30 · 빼뜨기 (총 30코)

9단: 기둥 사슬 1 · [짧은뜨기 9 · 짧은 2코 늘려뜨기 1] × 3 · 빼뜨기 (총 33코)

10단: 기둥 사슬 1 · 짧은뜨기 33 · 빼뜨기 (총 33코)

실을 잘라 마무리합니다.

푸딩

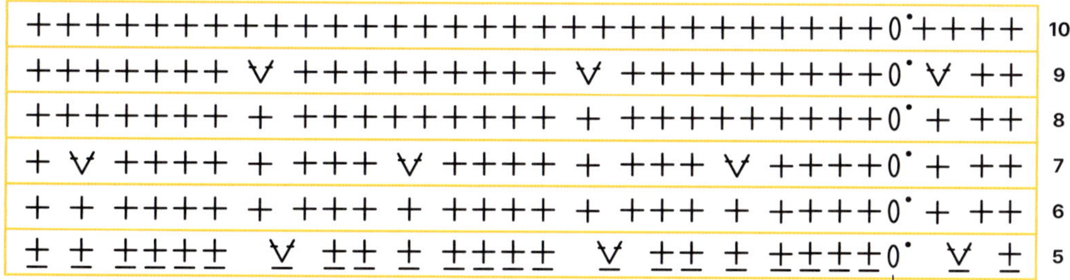

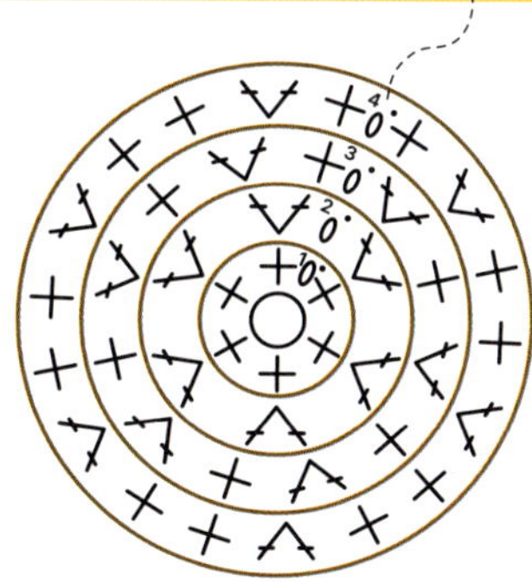

받침

기초단: (C실) 매직링

1단: 기둥 사슬 1 · 짧은뜨기 6 · 빼뜨기 (총 6코)

매직링을 조입니다.

2단: 기둥 사슬 1 · 짧은 2코 늘려뜨기 6 · 빼뜨기 (총 12코)

3단: 기둥 사슬 1 · [짧은뜨기 1 · 짧은 2코 늘려뜨기 1] × 6 · 빼뜨기 (총 18코)

4단: 기둥 사슬 1 · [짧은뜨기 1 · 짧은 2코 늘려뜨기 1 · 짧은뜨기 1] × 6 · 빼뜨기 (총 24코)

5단: 모든 코를 뒤반코뜨기로 뜹니다.

기둥 사슬 1 · 짧은뜨기 24 · 빼뜨기 (총 24코)

6단: 동전을 넣고 모든 코를 뒤반코뜨기로 뜹니다.

기둥 사슬 1 · [짧은뜨기 1 · 짧은 2코 모아뜨기 1 · 짧은뜨기 1] × 6 · 빼뜨기 (총 18코)

7단: 기둥 사슬 1 · [짧은뜨기 1 · 짧은 2코 모아뜨기 1] × 6 · 빼뜨기 (총 12코)

8단: 모든 코를 앞반코뜨기로 뜹니다.

기둥 사슬 1 · 짧은뜨기 12 · 빼뜨기 (총 12코)

9~13단: 기둥 사슬 1 · 짧은뜨기 12 · 빼뜨기 (총 12코)

14단: 모든 코를 앞반코뜨기로 뜹니다.

기둥 사슬 1 · [짧은뜨기 1 · 짧은 2코 늘려뜨기 1] × 6 · 빼뜨기 (총 18코)

15단: 기둥 사슬 1 · [짧은뜨기 1 · 짧은 2코 늘려뜨기 1 · 짧은뜨기 1] × 6 · 빼뜨기 (총 24코)

16단: 기둥 사슬 1 · [짧은뜨기 3 · 짧은 2코 늘려뜨기 1] × 6 · 빼뜨기 (총 30코)

17단: 기둥 사슬 1 · [짧은뜨기 2 · 짧은 2코 늘려뜨기 1 · 짧은뜨기 2] × 6 · 빼뜨기 (총 36코)

18단: 모든 코를 뒤반코뜨기로 뜹니다.

기둥 사슬 1 · [짧은뜨기 11 · 짧은 2코 늘려뜨기 1] × 3 · 빼뜨기 (총 39코)

19단: 기둥 사슬 1 · 짧은뜨기 39 · 빼뜨기 (총 39코)

실을 잘라 마무리합니다.

받침

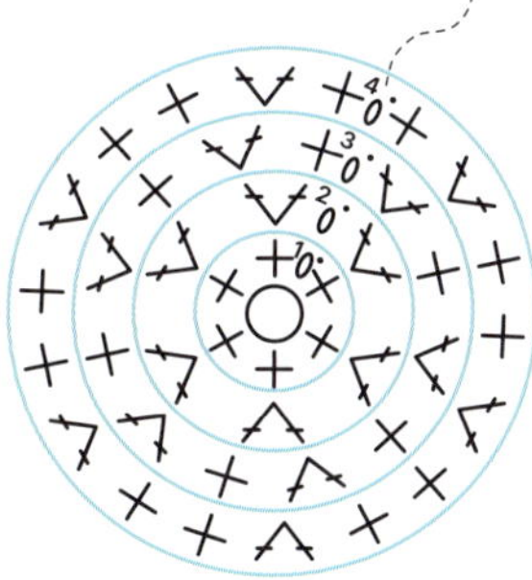

체리

기초단: (B실) 매직링

1단: 기둥 사슬 2 · 한길 긴 4코
구슬뜨기
실을 넉넉하게 자르고 매직링을
조입니다.

체리 

1 꼬리실을 돗바늘에 꿰어 구슬뜨기
가운데를 통과시킵니다.

2 실을 잘라 체리 꼭지를 표현합니다.
체리 꼭지에 올풀림 방지액을 발라
모양이 예쁘게 고정되도록 합니다.

Crochet No.3	# 청포도 케이크 핀쿠션
Making Story	반질반질한 청포도가 가득 올라간 케이크를 떠올리며 만든 핀쿠션입니다. 뜨개 작업 중 자주 사용하는 작은 시침핀부터 두꺼운 돗바늘까지 손쉽게 꽂아둘 수 있어요.
Photo	
How to Make	**뜨는 방법** ☐ 한길 긴 3코 구슬뜨기와 한길 긴 4코 구슬뜨기를 이용해 청포도를 만듭니다. 　모든 구슬뜨기는 코 아래쪽 빈 공간에 바늘을 넣어 뜹니다.(다발에 뜹니다.) ☐ 4단 이후에는 배색에 유의하며 케이크의 크림과 빵 부분을 표현합니다.
Object	☐ 실: 앵콜스 롤리코튼 　A-67호(샤인머스캣) 4g, B-00호(화이트) 5g, C-17호(버터) 5g, 　D-74호(그린) 2g ☐ 도구: 3.5mm 코바늘, 돗바늘, 솜 ☐ 크기: 지름 6, 높이 8cm

만드는 법

청포도 케이크

기초단: (A실) 매직링

1단: 기둥 사슬 2 · 한길 긴 3코 구슬뜨기 1 · 사슬 2 · [한길 긴 4코 구슬뜨기 1 · 사슬 2] ×
3 · 빼뜨기 (총 12코)

매직링을 조입니다.

2단: 기둥 사슬 2+한길 긴 3코 구슬뜨기 1+사슬 2+한길 긴 4코 구슬뜨기 1+사슬 2 ·
[한길 긴 4코 구슬뜨기 1+사슬 2+한길 긴 4코 구슬뜨기 1+사슬 2] ×3 · 빼뜨기 (총 24코)

3단: 기둥 사슬 2 · 한길 긴 3코 구슬뜨기 1 · 사슬 2 · 한길 긴 4코 구슬뜨기 1+사슬 2+
한길 긴 4코 구슬뜨기 1+사슬 2 · [한길 긴 4코 구슬뜨기 1 · 사슬 2 ·
한길 긴 4코 구슬뜨기 1+사슬 2+한길 긴 4코 구슬뜨기 1+사슬 2] ×3 · 빼뜨기 (총 36코)

4단: (B실) 기둥 사슬 1 · 짧은뜨기 36 · 빼뜨기 (총 36코)

5단: (C실) 기둥 사슬 1 · 짧은뜨기 36 · 빼뜨기 (총 36코)

6단: 기둥 사슬 1 · 짧은뜨기 36 · 빼뜨기 (총 36코)

7단: (B실) 기둥 사슬 1 · 짧은뜨기 36 · 빼뜨기 (총 36코)

8단: (C실) 기둥 사슬 1 · 짧은뜨기 36 · 빼뜨기 (총 36코)

9단: 기둥 사슬 1 · 짧은뜨기 36 · 빼뜨기 (총 36코)

10단: (B실) 기둥 사슬 1 · 짧은뜨기 36 · 빼뜨기 (총 36코)

11단: 모든 코를 뒤반코뜨기로 뜹니다.

기둥 사슬 1 · [짧은뜨기 2 · 짧은 2코 모아뜨기 1 · 짧은뜨기 2] ×6 · 빼뜨기 (총 30코)

12단: 기둥 사슬 1 · [짧은뜨기 3 · 짧은 2코 모아뜨기 1] ×6 · 빼뜨기 (총 24코)

13단: 기둥 사슬 1 · [짧은뜨기 1 · 짧은 2코 모아뜨기 1 · 짧은뜨기 1] ×6 · 빼뜨기 (총 18코)

14단: 기둥 사슬 1 · [짧은뜨기 1 · 짧은 2코 모아뜨기 1] ×6 · 빼뜨기 (총 12코)

15단: 기둥 사슬 1 · 짧은 2코 모아뜨기 6 · 빼뜨기 (총 6코)

실을 자르고 돗바늘로 모든 코를 통과시킨 후 조입니다.

청포도 케이크

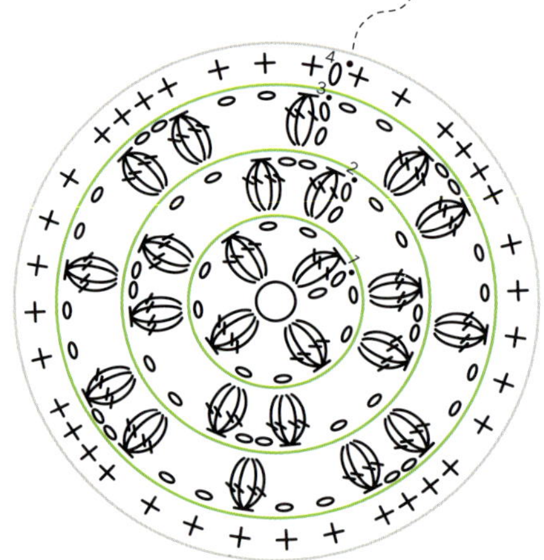

잎

기초단: (D실) 사슬 3
1단: 기둥 사슬 1 • 짧은뜨기 1 • 한길 긴뜨기 1 • 짧은뜨기 1 •
사슬 1 • 빼뜨기

완성한 잎은 청포도 케이크의 1단 매직링에 돗바늘을 이용해
연결합니다.

잎

Crochet No.4	# 롤케이크 코스터

Making Story

돌돌 말린 롤케이크의 단면을 닮은 티코스터입니다.

2가지 색상의 실을 번갈아 떠가며 롤케이크의 크림과 빵을 표현합니다.

좋아하는 맛을 떠올리며 다양한 맛의 롤케이크를 만들어보세요!

Photo

How to Make

뜨는 방법

☐ A실로 사슬을 만들고 모든 코는 사슬의 반코에 뜹니다.
  기호 도안에서 ★을 만나면 멈추고 B실 구간으로 넘어갑니다.

☐ 남은 사슬의 반코와 코산에 B실로 뜹니다.
  기호 도안에서 ★을 만나면 멈추고 A실 구간으로 넘어갑니다.

☐ A실과 B실의 구간을 계속 번갈아 뜹니다.

☐ C실을 롤케이크 중간에서 가지고 나와 A실과 B실의 경계를 따라 빼뜨기합니다.
  이후 마지막 단에 짧은뜨기와 짧은 2코 늘려뜨기를 하며 완성합니다.

Object

☐ 실: 쎄비 로미오
  A-1호(흰색) 3g, B-9호(연노랑) 3g, C-60호(카라멜) 2g

☐ 도구: 3.5mm 코바늘, 돗바늘

☐ 크기: 가로 11, 세로 9cm

이렇게 떠도 예뻐요!
말차 롤케이크: C-쎄비 로미오
48호(연두색)
딸기 롤케이크: C-쎄비 로미오
19호(살몬)

만드는 법

단 대신에 뜨는 구간으로 나뉘어져 있고, 각 구간은 ★로 구분되어 있습니다.

A실은 사슬의 뒤반코에, B실은 사슬의 앞반코와 코산에 뜹니다.

기초단: (A실) 사슬 5

A실-1: 기둥 사슬 1 • 짧은뜨기 1+긴뜨기 1+한길 긴뜨기 1 • 한길 긴뜨기 3 •

한길 긴 3코 늘려뜨기 1

B실-1: 기둥 사슬 1 • 짧은뜨기 1+긴뜨기 1+한길 긴뜨기 1 • 한길 긴뜨기 3 •

한길 긴 3코 늘려뜨기 1 • 한길 긴 2코 늘려뜨기 3 • 한길 긴뜨기 3 • 한길 긴 2코 늘려뜨기 3

A실-2: 한길 긴 2코 늘려뜨기 3 • 한길 긴뜨기 3 • 한길 긴 2코 늘려뜨기 3 • [한길 긴뜨기 1 •

한길 긴 2코 늘려뜨기 1] × 3 • 한길 긴뜨기 3 • [한길 긴뜨기 1 • 한길 긴 2코 늘려뜨기 1] × 3

B실-2: [한길 긴뜨기 1 • 한길 긴 2코 늘려뜨기 1] × 3 • 한길 긴뜨기 3 • [한길 긴뜨기 1 •

한길 긴 2코 늘려뜨기 1] × 3 • [한길 긴뜨기 1 • 한길 긴 2코 늘려뜨기 1 • 한길 긴뜨기 1] × 3 •

한길 긴뜨기 3 • [한길 긴뜨기 1 • 한길 긴 2코 늘려뜨기 1 • 한길 긴뜨기 1] × 3

A실-3: 한길 긴뜨기 1 • 한길 긴 2코 늘려뜨기 1 • 한길 긴뜨기 1 • 긴뜨기 1 •

짧은 2코 늘려뜨기 1 • 빼뜨기

실을 자릅니다. 실꼬리는 C실을 뜰 때 함께 잡고 떠서 숨깁니다.

B실-3: 한길 긴뜨기 3 • 한길 긴 2코 늘려뜨기 1 • 한길 긴뜨기 1 • 긴뜨기 2 •

짧은 2코 늘려뜨기 1 • 빼뜨기

실을 자릅니다. 실꼬리는 C실을 뜰 때 함께 잡고 떠서 숨깁니다.

A, B실

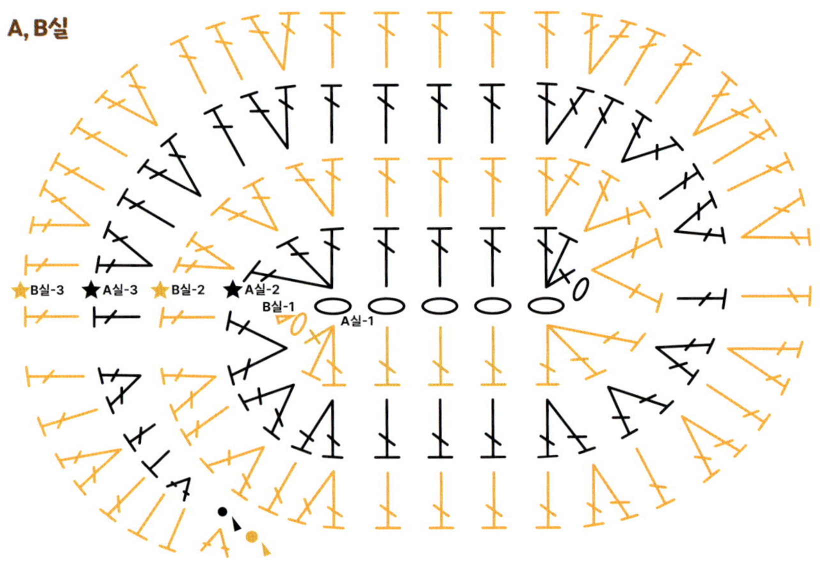

C실:

B실-1의 시작 지점에 코바늘을 넣고, C실을 편물의 밑에서 위로 끌고 와 시작합니다.

B실-1과 A실-2 사이의 구멍을 따라 뜨개를 진행합니다.

짧은뜨기를 하며 A실과 B실의 실꼬리를 함께 잡고 떠 편물 안에 숨깁니다.

빼뜨기 30 · 짧은뜨기 8 · 짧은 2코 늘려뜨기 1 · 짧은뜨기 6 · 짧은 2코 늘려뜨기 1 ·

짧은뜨기 6 · 짧은 2코 늘려뜨기 1 · 짧은뜨기 9 · 짧은 2코 늘려뜨기 1 · 짧은뜨기 6 ·

짧은 2코 늘려뜨기 1 · 짧은뜨기 6 · 짧은 2코 늘려뜨기 1 · 짧은뜨기 5

실을 잘라 마무리합니다.

C실

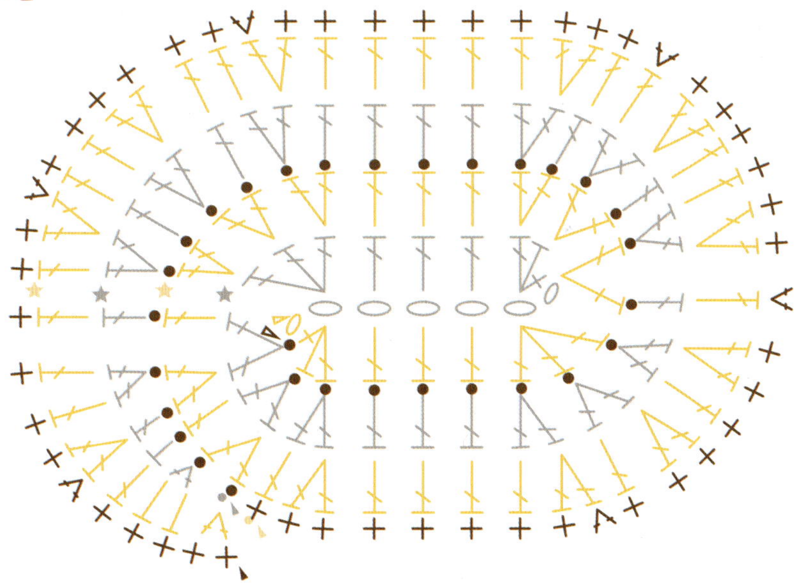

Project :
002

반전! 뒤집기 키링!

Making Story

코바늘 연구소인 만큼 실험적인 도안을 넣고 싶어 디자인한
반전 있는 키링들을 소개합니다. 이 코너에서는
한 번에 2개의 키링을 만들어요. 어느 방향으로 뒤집느냐에 따라
상큼한 과일이 되기도, 귀여운 오브제가 되기도 합니다.

002
Reverse

Crochet No.1	# 키위새 <-> 키위

Making Story

복슬복슬한 키위새와 비슷하게 생겨서 같은 이름으로 불린 과일, 키위!
키위새와 키위를 한 번에 만들 수 있는 뒤집기 키링입니다.
키위새의 부리가 몹시도 귀엽답니다.

Photo

뜨는 방법

How to Make

- ☐ 키위새의 머리부터 시작해서 키위까지 한 번에 만듭니다.
- ☐ 키위새의 부리는 따로 만들어 돗바늘로 연결합니다.
- ☐ 키위에 박힌 씨와 키위새의 눈은 돗바늘로 수놓습니다.

Object

- ☐ 실: 쎄비 로미오 1호(흰색) 2g, 9호(연노랑) 1g, 47호(연두색) 6g, 60호(카라멜) 8g, 69호(검정) 2g
- ☐ 도구: 3.5mm 코바늘, 돗바늘, 군번줄
- ☐ 크기: (모두 펼쳤을 때) 가로 7, 세로 10cm

만드는 법

키위새

기초단: (카라멜) 매직링

1단: 기둥 사슬 1 · 짧은뜨기 6 · 빼뜨기 (총 6코)

매직링을 조입니다.

2단: 기둥 사슬 1 · 짧은 2코 늘려뜨기 6 · 빼뜨기 (총 12코)

3단: 기둥 사슬 1 · 짧은뜨기 12 · 빼뜨기 (총 12코)

4단: 기둥 사슬 1 · 짧은뜨기 12 · 빼뜨기 (총 12코)

5단: 모든 코를 앞반코뜨기로 뜹니다.

기둥 사슬 1 · 짧은 2코 늘려뜨기 1 · 짧은뜨기 1 · 짧은 2코 늘려뜨기 1 · 짧은뜨기 6 · 짧은 2코 늘려뜨기 1 · 짧은뜨기 1 · 짧은 2코 늘려뜨기 1 · 빼뜨기 (총 16코)

6단: 기둥 사슬 1 · [짧은뜨기 1 · 짧은 2코 늘려뜨기 1 · 짧은뜨기 1] × 2 · 짧은뜨기 4 · [짧은뜨기 1 · 짧은 2코 늘려뜨기 1 · 짧은뜨기 1] × 2 · 빼뜨기 (총 20코)

7단: 기둥 사슬 1 · [짧은뜨기 3 · 짧은 2코 늘려뜨기 1] × 2 · 짧은뜨기 4 · [짧은 2코 늘려뜨기 1 · 짧은뜨기 3] × 2 · 빼뜨기 (총 24코)

8단: 기둥 사슬 1 · [짧은뜨기 2 · 짧은 2코 늘려뜨기 1 · 짧은뜨기 2] × 2 · 짧은뜨기 4 · [짧은뜨기 2 · 짧은 2코 늘려뜨기 1 · 짧은뜨기 2] × 2 · 빼뜨기 (총 28코)

9단: 기둥 사슬 1 · [짧은 2코 늘려뜨기 1 · 짧은뜨기 5] × 2 · 짧은뜨기 4 · [짧은뜨기 5 · 짧은 2코 늘려뜨기 1] × 2 · 빼뜨기 (총 32코)

10단: 기둥 사슬 1 · 짧은뜨기 32 · 빼뜨기 (총 32코)

11단: 기둥 사슬 1 · 짧은뜨기 32 · 빼뜨기 (총 32코)

12단: 기둥 사슬 1 · [짧은뜨기 3 · 짧은 2코 모아뜨기 1 · 짧은뜨기 3] × 4 · 빼뜨기 (총 28코)

키위

키위새에 연두색 실을 이어서 뜹니다.

13~17단: 기둥 사슬 1 · 짧은뜨기 28 · 빼뜨기 (총 28코)

18단: 기둥 사슬 1 · [짧은뜨기 1 · 짧은 2코 모아뜨기 1 · 짧은뜨기 8 · 짧은 2코 모아뜨기 1 · 짧은뜨기 1] × 2 · 빼뜨기 (총 24코)

19단: 기둥 사슬 1 · [짧은뜨기 2 · 짧은 2코 모아뜨기 1 · 짧은뜨기 2] × 4 · 빼뜨기 (총 20코)

20단: (흰색) 기둥 사슬 1 · [짧은뜨기 1 · 짧은 2코 모아뜨기 1 · 짧은뜨기 4 · 짧은 2코 모아뜨기 1 · 짧은뜨기 1] × 2 · 빼뜨기 (총 16코)

21단: 기둥 사슬 1 · [짧은뜨기 1 · 짧은 2코 모아뜨기 1 · 짧은뜨기 1] × 4 · 빼뜨기 (총 12코)

22단: 기둥 사슬 1 · 짧은 2코 모아뜨기 6 · 빼뜨기 (총 6코)

실을 자르고 돗바늘로 모든 코를 통과시킨 후 조입니다.

키위새 부리

1단: (연노랑) 이중 사슬뜨기 3

키위새 3단의 6~7코 사이에 돗바늘로 연결합니다.

키위씨, 키위새의 눈

검정색 실과 돗바늘로 수놓아 완성합니다.

키위새 <–> 키위

행	도안
22	A A A A A 0· A
21	++ A ++ A ++ A +0·+ A
20	+++ A ++ A ++++ A +0·+ A +
19	+++ A + ++ + A ++++ A + +0·+ + A +
18	++++ + A ++ A + ++++++ + A +0·+ A + ++
17	++++ + ++++++ + ++++++ + +++0·+++ + ++
16	++++ + ++++++ + ++++++ + +++0·+++ + ++
15	++++ + ++++++ + ++++++ + +++0·+++ + ++
14	++++ + ++++++ + ++++++ + +++0·+++ + ++
13	++++ + ++++++ + ++++++ + +++0·+++ + ++
12	++++ A ++++++ A ++++++ A +++0·+++ A ++
11	+++++++++++++++++++++++++++0·+++++++
10	+++++++++++++++++++++++++++++0·+++++++
9	V +++++++++++++ V +++++ V 0· V +++++
8	+ + V ++++++++ V + + ++ V + + 0· + + V ++
7	+ + + V ++++ V + + + V + + + 0· + + + V
6	+ V + +++++ + V + + V + 0· + V +
5	V ± ±±±± ± V ± V 0· V ±
4	+ + +++++ + + + + 0· + +
3	+ + +++++ + + + + 0· + +

Crochet No.2	# 돌하르방 ⟨−⟩ 귤
Making Story	'제주도' 하면 생각나는 귤과 돌하르방을 한 작품에 담았습니다. 돌하르방의 손에 작은 귤을 들고 있는 것이 포인트랍니다. 제주도 여행을 갈 때 가져가 이리저리 뒤집어 기념 사진을 찍어보세요!
Photo	
How to Make	**뜨는 방법** ☐ 돌하르방부터 시작해서 귤까지 한 번에 만듭니다. ☐ 돌하르방의 모자를 만들 때는 뒤반코뜨기를 사용합니다. 　얼굴을 완성하고 남은 앞반코에 실을 새로 연결해 돌하르방의 모자를 완성합니다. ☐ 돌하르방을 완성하고 귤을 만들기 전, 미리 만들어 놓은 작은 귤을 돌하르방에 　연결합니다. ☐ 귤까지 완성한 후, 돗바늘로 귤 꼭지를 수놓아 완성합니다.
Object	☐ 실: 쎄비 로미오 14호(귤색) 10g, 47호(연두색) 2g, 67호(진회색) 10g, 69호(검정) 1g ☐ 도구: 3.5mm 코바늘, 돗바늘, 군번줄 ☐ 크기: (모두 펼쳤을 때) 가로 8, 세로 14cm

만드는 법

작은 귤

기초단: (귤색) 매직링

1단: 기둥 사슬 1 · 짧은뜨기 5 · 빼뜨기 (총 5코)

매직링을 조입니다.

2단: 기둥 사슬 1 · 짧은 2코 늘려뜨기 5 · 빼뜨기 (총 10코)

3단: 기둥 사슬 1 · 짧은뜨기 10 · 빼뜨기 (총 10코)

실을 길게 남기고 잘라 마무리합니다.

1단에 연두색 실과 돗바늘로 5가닥의 귤 꼭지를 수놓아 마무리합니다.

돌하르방

기초단: (진회색) 매직링

1단: 기둥 사슬 1 · 짧은뜨기 6 · 빼뜨기 (총 6코)

매직링을 조입니다.

2단: 기둥 사슬 1 · 짧은 2코 늘려뜨기 6 · 빼뜨기 (총 12코)

3단: 기둥 사슬 1 · [짧은뜨기 1 · 짧은 2코 늘려뜨기 1] × 6 · 빼뜨기 (총 18코)

4단: 기둥 사슬 1 · [짧은뜨기 4 · 짧은 2코 늘려뜨기 1 · 짧은뜨기 4] × 2 · 빼뜨기 (총 20코)

5단: 기둥 사슬 1 · 짧은뜨기 20 · 빼뜨기 (총 20코)

6단: 모든 코를 뒤반코뜨기로 뜹니다.

기둥 사슬 1 · 짧은뜨기 20 · 빼뜨기 (총 20코)

7단: 기둥 사슬 1 · [짧은뜨기 3 · 짧은 2코 늘려뜨기 1 · 짧은뜨기 2 · 짧은 2코 늘려뜨기 1 · 짧은뜨기 3] × 2 · 빼뜨기 (총 24코)

8단: 기둥 사슬 1 · 짧은뜨기 11 · 한길 긴 2코 늘려뜨기 2 · 짧은뜨기 11 · 빼뜨기 (총 26코)

9단: 기둥 사슬 1 · 짧은뜨기 11 · 한길 긴 2코 모아뜨기 2 · 짧은뜨기 11 · 빼뜨기 (총 24코)

10단: 기둥 사슬 1 · 짧은뜨기 24 · 빼뜨기 (총 24코)

11단: 기둥 사슬 1 · [짧은뜨기 3 · 짧은 2코 늘려뜨기 1 · 짧은뜨기 4 · 짧은 2코 늘려뜨기 1 · 짧은뜨기 3] × 2 · 빼뜨기 (총 28코)

12단: 기둥 사슬 1 · 짧은뜨기 28 · 빼뜨기 (총 28코)

13단: 기둥 사슬 1 · 짧은뜨기 10 · 한길 긴 4코 구슬뜨기 1 · 짧은뜨기 6 · 한길 긴 4코 구슬뜨기 1 · 짧은뜨기 10 ·

빼뜨기 (총 28코)

돌하르방 <-> 귤

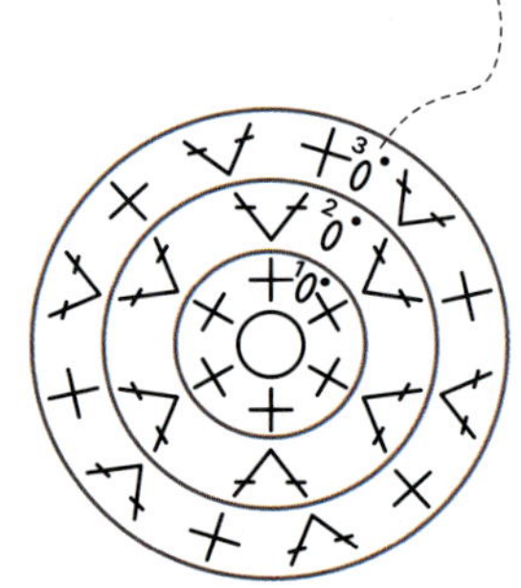

14단: 기둥 사슬 1 • 짧은뜨기 28 • 빼뜨기 (총 28코)

15단: 기둥 사슬 1 • [짧은뜨기 7 • 짧은 2코 늘려뜨기 1 • 짧은뜨기 6] × 2 • 빼뜨기 (총 30코)

16단: 기둥 사슬 1 • 짧은뜨기 30 • 빼뜨기 (총 30코)

17단: 기둥 사슬 1 • [짧은뜨기 7 • 짧은 2코 모아뜨기 1 • 짧은뜨기 6] × 2 • 빼뜨기 (총 28코)

18단: 기둥 사슬 1 • [짧은뜨기 3 • 짧은 2코 모아뜨기 1 • 짧은뜨기 4 • 짧은 2코 모아뜨기 1 •

짧은뜨기 3] × 2 • 빼뜨기 (총 24코)

귤로 넘어가기 전에 진회색 실을 새로 이어 돌하르방의 모자를 먼저 진행합니다.

6-2단: 모든 코를 6단에서 남긴 앞반코에 뜹니다.

기둥 사슬 1 • [짧은뜨기 3 • 짧은 2코 늘려뜨기 1] × 5 • 빼뜨기 (총 25코)

7-2단: 기둥 사슬 1 • [짧은뜨기 2 • 짧은 2코 늘려뜨기 1 • 짧은뜨기 2] × 5 • 빼뜨기 (총 30코)

실을 잘라 마무리합니다.

돌하르방 7단과 8단의 사이에 검정색 실로 돌하르방의 눈을 수놓습니다.

돌하르방 12단~14단에 '작은 귤'을 돗바늘로 연결합니다.

돌하르방 모자

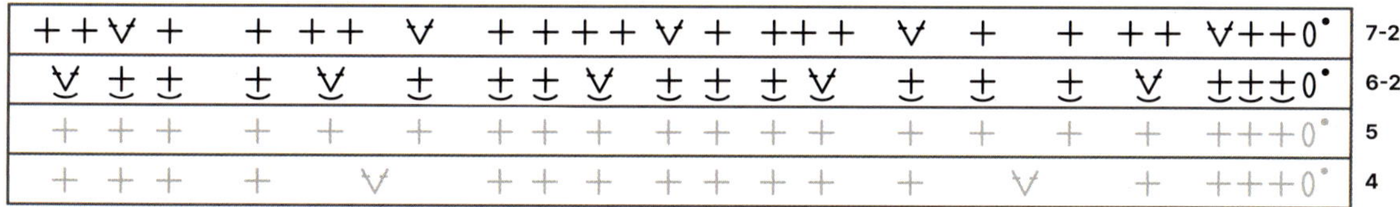

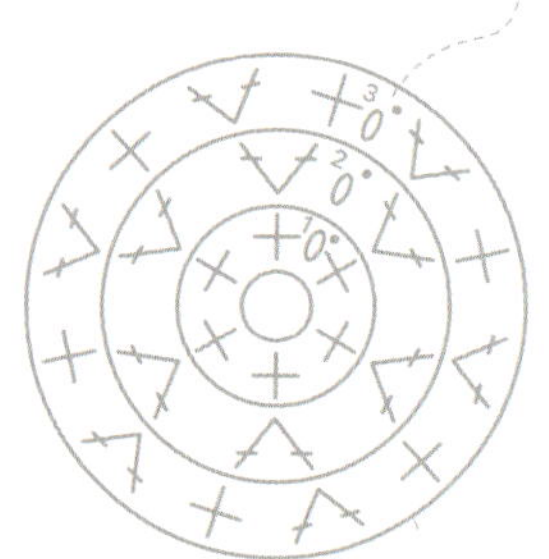

귤

돌하르방 18단에 귤색 실을 이어서 뜹니다.

19단: 기둥 사슬 1 • [짧은뜨기 5 • 짧은 2코 늘려뜨기 1] × 4 • 빼뜨기 (총 28코)

20단: 기둥 사슬 1 • [짧은뜨기 3 • 짧은 2코 늘려뜨기 1 • 짧은뜨기 3] × 4 • 빼뜨기 (총 32코)

21단: 기둥 사슬 1 • [짧은뜨기 7 • 짧은 2코 늘려뜨기 1] × 4 • 빼뜨기 (총 36코)

22단: 기둥 사슬 1 • [짧은뜨기 9 • 짧은 2코 늘려뜨기 1 • 짧은뜨기 8] × 2 • 빼뜨기 (총 38코)

23단: 기둥 사슬 1 • 짧은뜨기 38 • 빼뜨기 (총 38코)

24단: 기둥 사슬 1 • 짧은뜨기 38 • 빼뜨기 (총 38코)

25단: 기둥 사슬 1 • [짧은뜨기 9 • 짧은 2코 모아뜨기 1 • 짧은뜨기 8] × 2 • 빼뜨기 (총 36코)

26단: 기둥 사슬 1 • [짧은뜨기 7 • 짧은 2코 모아뜨기 1] × 4 • 빼뜨기 (총 32코)

27단: 기둥 사슬 1 • [짧은뜨기 3 • 짧은 2코 모아뜨기 1 • 짧은뜨기 3] × 4 • 빼뜨기 (총 28코)

28단: 기둥 사슬 1 • [짧은뜨기 5 • 짧은 2코 모아뜨기 1] × 4 • 빼뜨기 (총 24코)

29단: 기둥 사슬 1 • [짧은뜨기 1 • 짧은 2코 모아뜨기 1 • 짧은뜨기 1] × 6 • 빼뜨기 (총 18코)

30단: 기둥 사슬 1 • [짧은뜨기 1 • 짧은 2코 모아뜨기 1] × 6 • 빼뜨기 (총 12코)

31단: 기둥 사슬 1 • 짧은 2코 모아뜨기 6 • 빼뜨기 (총 6코)

실을 자르고 돗바늘로 모든 코를 통과시킨 후 조입니다.

귤 30단~31단에 연두색 실과 돗바늘로 5가닥의 귤 꼭지를 수놓아 완성합니다.

Crochet No.3	# 케첩 <-> 토마토

Making Story

가장 자주 접하는 열매 중 하나인 토마토를 뒤집기 키링으로 만들어 보았습니다.
통통한 토마토를 뒤집으면 토마토 케첩이 등장합니다.
빨간색이 강렬해서 키링으로 달면 단번에 힙해질 수 있어요.

Photo

How to Make

뜨는 방법

- ☐ 케첩부터 시작해서 토마토까지 한 번에 만듭니다.
- ☐ 케첩을 뜰 때는 배색 표시를 잘 확인하며 진행합니다.
- ☐ 케첩에 있는 작은 토마토는 미리 만들어두었다가 후에 연결합니다.
- ☐ 토마토 꼭지는 따로 만들어서 돗바늘로 연결합니다.

Object

- ☐ 실: 쎄비 로미오 1호(흰색) 3g, 30호(주황빛빨강) 20g, 50호(풀색) 3g
- ☐ 도구: 3.5mm 코바늘, 돗바늘, 군번줄
- ☐ 크기: (모두 펼쳤을 때) 가로 8, 세로 17cm

만드는 법

작은 토마토

기초단: (주황빛빨강) 매직링

1단: 기둥 사슬 1 · 짧은뜨기 6 · 빼뜨기 (총 6코)

매직링을 조입니다.

2단: 기둥 사슬 1 · 짧은 2코 늘려뜨기 6 · 빼뜨기 (총 12코)

실을 길게 남기고 잘라 마무리합니다.

작은 토마토 1단에 초록색 실과 돗바늘로 5가닥의 토마토 꼭지를 수놓습니다.

케첩

기초단: (흰색) 매직링

1단: 기둥 사슬 1 · 짧은뜨기 6 · 빼뜨기 (총 6코)

매직링을 조입니다.

2단: 기둥 사슬 1 · 짧은 2코 늘려뜨기 6 · 빼뜨기 (총 12코)

3단: 모든 코를 뒤반코뜨기로 뜹니다.

기둥 사슬 1 · 짧은뜨기 12 · 빼뜨기 (총 12코)

4단: 기둥 사슬 1 · 짧은뜨기 12 · 빼뜨기 (총 12코)

5단: (주황빛빨강) 모든 코를 뒤반코뜨기로 뜹니다.

기둥 사슬 1 · 짧은뜨기 12 · 빼뜨기 (총 12코)

6~8단: 기둥 사슬 1 · 짧은뜨기 12 · 빼뜨기 (총 12코)

9단: 기둥 사슬 1 · [짧은뜨기 3 · 짧은 2코 늘려뜨기 1 · 짧은뜨기 2] × 2 · 빼뜨기 (총 14코)

10단: 기둥 사슬 1 · [짧은뜨기 3 · 짧은 2코 늘려뜨기 1 · 짧은뜨기 3] × 2 · 빼뜨기 (총 16코)

11단: 기둥 사슬 1 · [짧은뜨기 3 · 짧은 2코 늘려뜨기 2 · 짧은뜨기 3] × 2 · 빼뜨기 (총 20코)

12단: 기둥 사슬 1 · 짧은뜨기 20 · 빼뜨기 (총 20코)

13단: 기둥 사슬 1 · [짧은뜨기 3 · 짧은 2코 늘려뜨기 1 · 짧은뜨기 2 · 짧은 2코 늘려뜨기 1 · 짧은뜨기 3] × 2 · 빼뜨기 (총 24코)

14단: 기둥 사슬 1 · 짧은뜨기 24 · 빼뜨기 (총 24코)

15단: 기둥 사슬 1 · [짧은뜨기 5 · 짧은 2코 늘려뜨기 2 · 짧은뜨기 5] × 2 · 빼뜨기 (총 28코)

16~20단: 기둥 사슬 1 · 짧은뜨기 10 · (흰색) 짧은뜨기 8 · (주황빛빨강) 짧은뜨기 10 · 빼뜨기 (총 28코)

21단: 기둥 사슬 1 · 짧은뜨기 28 · 빼뜨기 (총 28코)

22단: 기둥 사슬 1 · [짧은뜨기 5 · 짧은 2코 모아뜨기 2 · 짧은뜨기 5] × 2 · 빼뜨기 (총 24코)

케첩 16단~20단에 '작은 토마토'를 돗바늘로 연결합니다.

작은 토마토

케첩 <-> 토마토

	Row
⒜ ⒜ ⒜ ⒜ ⒜ ⒜ 0•	35
⒜ + ⒜ + ⒜ + ⒜ + ⒜ + ⒜ +0•	34
+ ⒜ ++ ⒜ ++ ⒜+ + ⒜ ++ ⒜ ++ ⒜ +0•	33
⒜ + + ++ + ⒜ + + +++ ⒜ + + ++ + ⒜ + + +++0•	32
+ ++ ⒜ ++ + + ++ ⒜ +++ + ++ ⒜ ++ + + ++ ⒜ +++0•	31
⒜ ++++++ + ⒜ +++++++ ⒜ +++++ + ⒜ +++++++0•	30
++++++++ ⒜ ++++++++++++++++++ ⒜ ++++++++++0•	29
++0•	28
+++0•	27
++++++++ V +++++++++++++++++++ V +++++++++0•	26
V ++++++ + V +++++++ V +++++ + V +++++++0•	25
+ ++ V ++ + + ++ V ++ + + ++ V ++ + ++ V +++0•	24
V + + ++ + V + + +++ V + + ++ + V + + +++0•	23
+ + + ++ ⒜ ⒜ + + + ++ + + + ++ ⒜ ⒜ + + ++ +0•	22
+ + + +++++ + ++ + +++ + + + +++++ + ++ + +++0•	21
+ + + +++++ + ++ + +++ + + + +++ + ++ + +++0•	20
+ + + +++++ + ++ + +++ + + + +++ + ++ + +++0•	19
+ + + +++++ + ++ + +++ + + + +++ + ++ + +++0•	18
+ + + +++++ + ++ + +++ + + + +++ + ++ + +++0•	17
+ + + +++++ + ++ + +++ + + + +++ + ++ + +++0•	16
+ + + ++ V V + + +++ + + + ++ V V + + +++0•	15
+ + + ++ + + + + +++ + + + ++ + + + + +++0•	14
+ + + V + + V +++ + + + V + + V +++0•	13
+ + + + + + + + +++ + + + + + + +++0•	12
+ + + V V +++ + + + V V +++0•	11
+ + + V +++ + + + V +++0•	10
+ + V +++ + + V +++0•	9
+ + + +++ + + + +++0•	8
+ + + +++ + + + +++0•	7
+ + + +++ + + + +++0•	6
± ± ± ±±± ± ± ± ±±±0•	5
+ + + +++ + + + +++0•	4

토마토

케첩에 이어서 뜹니다.

23단: 기둥 사슬 1 · [짧은뜨기 5 · 짧은 2코 늘려뜨기 1] × 4 · 빼뜨기 (총 28코)

24단: 기둥 사슬 1 · [짧은뜨기 3 · 짧은 2코 늘려뜨기 1 · 짧은뜨기 3] × 4 · 빼뜨기 (총 32코)

25단: 기둥 사슬 1 · [짧은뜨기 7 · 짧은 2코 늘려뜨기 1] × 4 · 빼뜨기 (총 36코)

26단: 기둥 사슬 1 · [짧은뜨기 9 · 짧은 2코 늘려뜨기 1 · 짧은뜨기 8] × 2 · 빼뜨기 (총 38코)

27단: 기둥 사슬 1 · 짧은뜨기 38 · 빼뜨기 (총 38코)

28단: 기둥 사슬 1 · 짧은뜨기 38 · 빼뜨기 (총 38코)

29단: 기둥 사슬 1 · [짧은뜨기 9 · 짧은 2코 모아뜨기 1 · 짧은뜨기 8] × 2 · 빼뜨기 (총 36코)

30단: 기둥 사슬 1 · [짧은뜨기 7 · 짧은 2코 모아뜨기 1] × 4 · 빼뜨기 (총 32코)

31단: 기둥 사슬 1 · [짧은뜨기 3 · 짧은 2코 모아뜨기 1 · 짧은뜨기 3] × 4 · 빼뜨기 (총 28코)

32단: 기둥 사슬 1 · [짧은뜨기 5 · 짧은 2코 모아뜨기 1] × 4 · 빼뜨기 (총 24코)

33단: 기둥 사슬 1 · [짧은뜨기 1 · 짧은 2코 모아뜨기 1 · 짧은뜨기 1] × 6 · 빼뜨기 (총 18코)

34단: 기둥 사슬 1 · [짧은뜨기 1 · 짧은 2코 모아뜨기 1] × 6 · 빼뜨기 (총 12코)

35단: 기둥 사슬 1 · 짧은 2코 모아뜨기 6 · 빼뜨기 (총 6코)

실을 자르고 돗바늘로 모든 코를 통과시킨 후 조입니다.

토마토 꼭지

기초단: (풀색) 매직링

1단: 기둥 사슬 1 · 짧은뜨기 5 · 빼뜨기 (총 5코)

2단: 사슬 5 · 기둥 사슬 1 · 빼뜨기 5 · 1단의 첫 번째 코에 빼뜨기,

사슬 5 · 기둥 사슬 1 · 빼뜨기 5 · 1단의 두 번째 코에 빼뜨기,

사슬 5 · 기둥 사슬 1 · 빼뜨기 5 · 1단의 세 번째 코에 빼뜨기,

사슬 5 · 기둥 사슬 1 · 빼뜨기 5 · 1단의 네 번째 코에 빼뜨기,

사슬 5 · 기둥 사슬 1 · 빼뜨기 5 · 1단의 다섯 번째 코에 빼뜨기

실을 길게 남기고 잘라 마무리합니다.

토마토 30~35단에 토마토 꼭지를 남긴 실과 돗바늘로 연결합니다.

토마토 꼭지

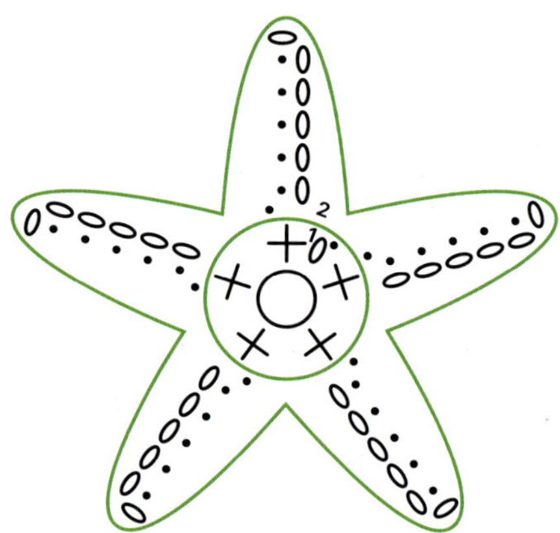

Project :

003

단짠단짠 시네마

Making
Story

영화 좋아하시나요?

사실 저는 영화보다 영화관의 먹거리를 더 좋아합니다.

저 같은 사람이 또 있으리라 믿으며 이 시리즈를 구상했습니다.

달콤 짭짤한 영화관의 맛을 뜨개로 표현해보아요.

003

Cinema

Crochet No.1	# 팝콘 미니 파우치
Making Story	꺼낼 때마다 팝콘을 집어 드는 순간처럼 기분이 좋아지는 팝콘 미니 파우치입니다. 동전이나 단수링 같은 작은 물건을 담기 좋은 사이즈입니다. 가운데 사슬 크기만 조정하면 에어팟 파우치로도 쓸 수 있어요.

Photo

뜨는 방법

How to Make

- ☐ 에어팟 파우치로 만들고 싶다면 일반적인 크기의 사슬과 일부러 늘린 큰 사슬을 사용해 기초단을 만듭니다. 구멍 없는 미니 파우치로 쓰고 싶다면 큰 사슬 대신 일반적인 크기의 사슬 4로 대체해서 뜨면 됩니다.
- ☐ 배색에 유의해 1~5단을 뜹니다.
- ☐ 한길 긴 4코 팝콘뜨기를 이용해 팝콘 부분을 표현합니다.
- ☐ 라벨과 조임끈은 따로 만들어 파우치에 연결합니다.

Object

- ☐ 실: 쎄비 로미오 2호(크림) 4g, 10호(노랑색) 4g, 30호(주황빛빨강) 4g
- ☐ 도구: 3.5mm 코바늘, 돗바늘, 올풀림 방지액
- ☐ 크기: 가로 7, 세로 6.5cm

만드는 법

파우치

기초단: (주황빛빨강) 사슬 5 · (에어팟 파우치의 경우) 큰 사슬 1 / (미니 파우치일 경우) 사슬 4 ·

사슬 5

1단: 모든 코를 사슬의 반코에 뜹니다.

기둥 사슬 3 · 한길 긴뜨기 1 · (크림) 한길 긴뜨기 2 · (주황빛빨강) 한길 긴뜨기 1 ·

에어팟 파우치의 경우: (큰 사슬의 반코에) 한길 긴뜨기 1+(크림) 한길 긴뜨기 2+(주황빛빨강)

한길 긴뜨기 1 · (작은 사슬에) 한길 긴뜨기 1

미니 파우치의 경우: 한길 긴뜨기 1 · (크림) 한길 긴뜨기 2 · (주황빛빨강) 한길 긴뜨기 2

(크림) 한길 긴뜨기 2 · (주황빛빨강) 한길 긴뜨기 2 ·

모든 코를 남은 사슬의 반코와 코산에 뜹니다.

한길 긴뜨기 2 · (크림) 한길 긴뜨기 2 · (주황빛빨강) 한길 긴뜨기 1 ·

에어팟 파우치의 경우: (큰 사슬의 반코와 코산에) 한길 긴뜨기 1+(크림) 한길 긴뜨기 2+

(주황빛빨강) 한길 긴뜨기 1 · (작은 사슬에) 한길 긴뜨기 1

미니 파우치의 경우: 한길 긴뜨기 1 · (크림) 한길 긴뜨기 2 · (주황빛빨강) 한길 긴뜨기 2

(크림) 한길 긴뜨기 2 · (주황빛빨강) 한길 긴뜨기 2 · 빼뜨기 (총 28코)

2~5단: 기둥 사슬 3 · 한길 긴뜨기 1 · [(크림) 한길 긴뜨기 2 · (주황빛빨강) 한길 긴뜨기 2] × 3 ·

한길 긴뜨기 2 · [(크림) 한길 긴뜨기 2 · (주황빛빨강) 한길 긴뜨기 2] × 3 · 빼뜨기 (총 28코)

6단: (노랑색) 기둥 사슬 2 · 한길 긴 3코 팝콘뜨기 1 · 사슬 2 ·

[(한 코 건너뛰고 다음 코에) 한길 긴 4코 팝콘뜨기 1 · 사슬 2] × 13 · 빼뜨기 (총 42코)

7단: 기둥 사슬 1 · [사슬 1 · 6단의 사슬의 코 아래에 짧은뜨기 2] × 14 · 빼뜨기 (총 42코)

실을 잘라 마무리합니다.

파우치

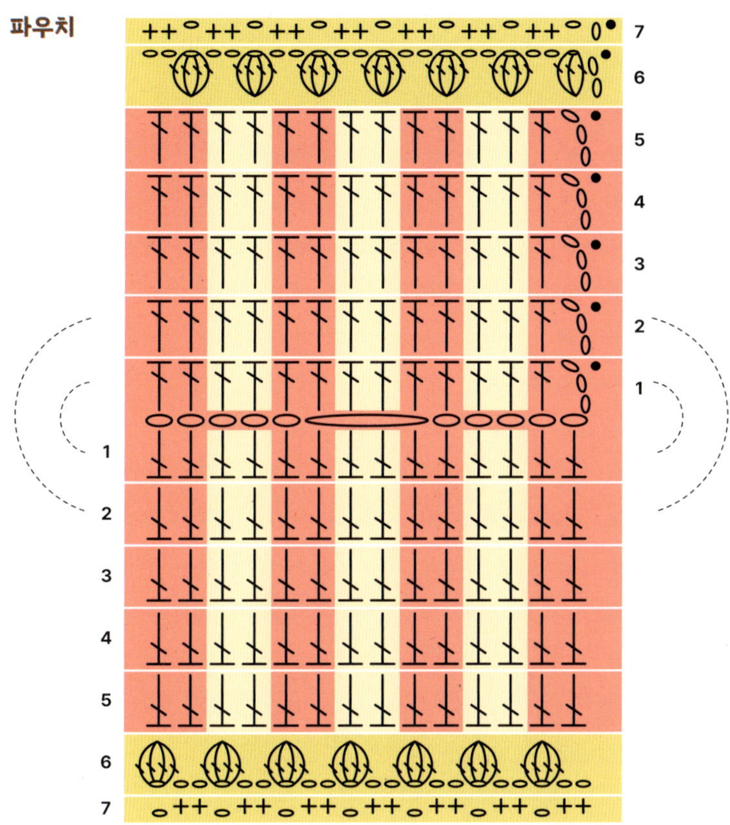

라벨

기초단: (크림) 사슬 2

1단: 기둥 사슬 1 • (사슬의 반코에) 짧은 3코 늘려뜨기 2 • 빼뜨기 (총 6코)

2단: 기둥 사슬 1 • 짧은 2코 늘려뜨기 6 • 빼뜨기 (총 12코)

3단: (주황빛빨강) 빼뜨기 12

실을 약 50cm 남기고 잘라 마무리합니다.

파우치의 3~4단에 실꼬리와 돗바늘로 달아줍니다.

라벨

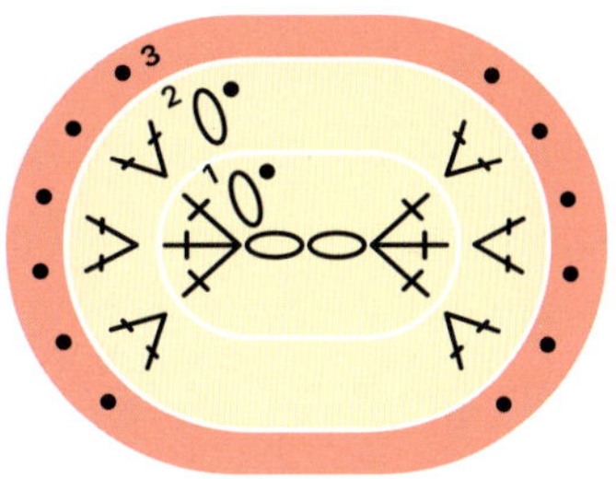

조임끈

노랑색 실로 사슬 50개를 만듭니다.

파우치의 7단에 번갈아가며 끼운 후 실꼬리를 묶어 사슬 사이로 숨깁니다.

올풀림 방지액을 발라 마무리합니다.

Crochet No.2	# 팝콘 파우치
Making Story	팝콘통의 스트라이프 무늬를 살려 조금 더 넉넉한 사이즈의 파우치로 만들어 보았습니다. 미니 파우치보다 수납력이 좋아 코바늘, 줄자 등 자주 들고 다니는 물건을 담기에 적합합니다.
Photo	
How to Make	### 뜨는 방법 ☐ 사슬을 사용해 기초단을 만들고 배색에 유의해 만듭니다. ☐ 라벨과 조임끈은 따로 만들어 파우치에 연결합니다. 조임끈은 양쪽으로 엇갈리게 끼워 　완성합니다.
Object	☐ 실: 쎄비 로미오 2호(크림) 12g, 10호(노랑색) 2g, 30호(주황빛빨강) 12g, 　　69호(검정) 2g ☐ 도구: 3.5mm 코바늘, 돗바늘, 올풀림 방지액 ☐ 크기: 가로 10, 세로 11.5cm

만드는 법

파우치

기초단: (주황빛빨강) 사슬 22

1단: 모든 코를 사슬의 반코에 뜹니다.

기둥 사슬 3 · 한길 긴뜨기 1 · [(크림) 한길 긴뜨기 2 · (주황빛빨강) 한길 긴뜨기 2] × 5

모든 코를 사슬의 남은 반코와 코산에 뜹니다.

한길 긴뜨기 2 · [(크림) 한길 긴뜨기 2 · (주황빛빨강) 한길 긴뜨기 2] × 5 · 빼뜨기 (총 44코)

2~9단: 기둥 사슬 3 · 한길 긴뜨기 1 · [(크림) 한길 긴뜨기 2 · (주황빛빨강) 한길 긴뜨기 2] × 5 ·

한길 긴뜨기 2 · [(크림) 한길 긴뜨기 2 · (주황빛빨강) 한길 긴뜨기 2] × 5 · 빼뜨기 (총 44코)

10단: 기둥 사슬 3 · 사슬 1 · [(한 코 건너뛰고 다음 코에) 한길 긴뜨기 1 · 사슬 1] × 21 ·

빼뜨기 (총 44코)

11단: 기둥 사슬 3 · 한길 긴뜨기 1 · [(크림) 한길 긴뜨기 2 · (주황빛빨강) 한길 긴뜨기 2] × 5 ·

한길 긴뜨기 2 · [(크림) 한길 긴뜨기 2 · (주황빛빨강) 한길 긴뜨기 2] × 5 · 빼뜨기 (총 44코)

12단: 기둥 사슬 1 · {[짧은뜨기 1 · 긴뜨기 1+한길 긴뜨기 1 · (크림) 한길 긴뜨기 1+긴뜨기 1 ·

짧은뜨기 1] × 2 · (주황빛빨강) 짧은뜨기 1 · 긴뜨기 1 · (크림) 한길 긴뜨기 2 ·

(주황빛빨강) 긴뜨기 1 · 짧은뜨기 1 · [(크림) 짧은뜨기 1 · 긴뜨기 1+한길 긴뜨기 1 ·

(주황빛빨강) 한길 긴뜨기 1+긴뜨기 1 · 짧은뜨기 1] × 2} × 2 · 빼뜨기 (총 60코)

실을 잘라 마무리합니다.

파우치

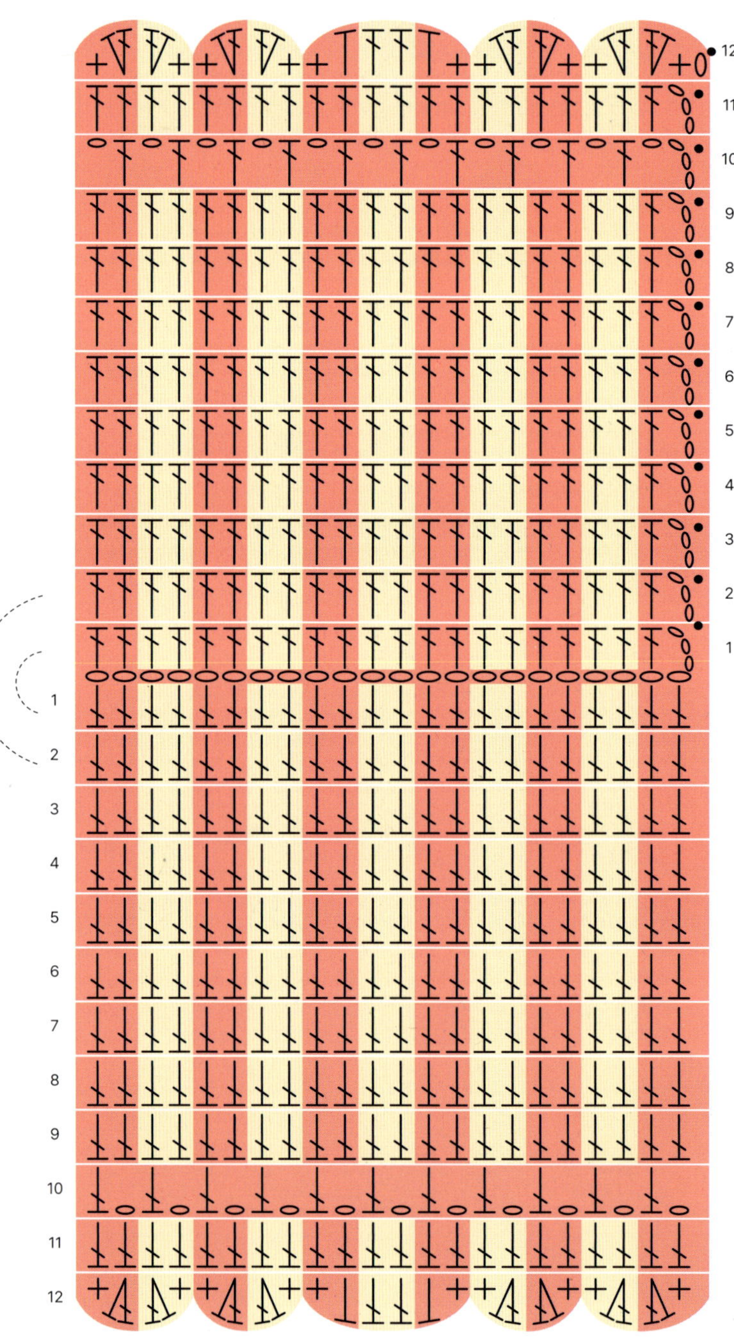

라벨

기초단: (크림) 사슬 3

1단: 기둥 사슬 1 · (사슬의 반코에) 짧은 3코 늘려뜨기 1 · 짧은뜨기 1 · 짧은 3코 늘려뜨기 1 · (사슬의 나머지 반코와 코산에) 짧은뜨기 1 · 빼뜨기 (총 8코)

2단: 기둥 사슬 1 · [짧은 2코 늘려뜨기 3 · 짧은뜨기 1] × 2 · 빼뜨기 (총 14코)

3단: 기둥 사슬 1 · [짧은뜨기 1 · 짧은 2코 늘려뜨기 1 · 짧은뜨기 1 · 짧은 2코 늘려뜨기 1 · 짧은뜨기 1 · 짧은 2코 늘려뜨기 · 짧은뜨기 1] × 2 · 빼뜨기 (총 20코)

4단: (주황빛빨강) 빼뜨기 20

실을 약 50cm 남기고 잘라 마무리합니다.

라벨의 가운데에 검정색 실과 돗바늘로 'POP'을 수놓습니다.

라벨을 파우치의 6~8단에 꼬리실과 돗바늘로 연결합니다.

조임끈

사슬 70개

조임끈을 총 2개를 만듭니다. 파우치의 10단에 서로 엇갈리도록 끼운 후 꼬리실을 묶어 사슬 사이로 숨깁니다. 올풀림 방지액을 발라 마무리합니다.

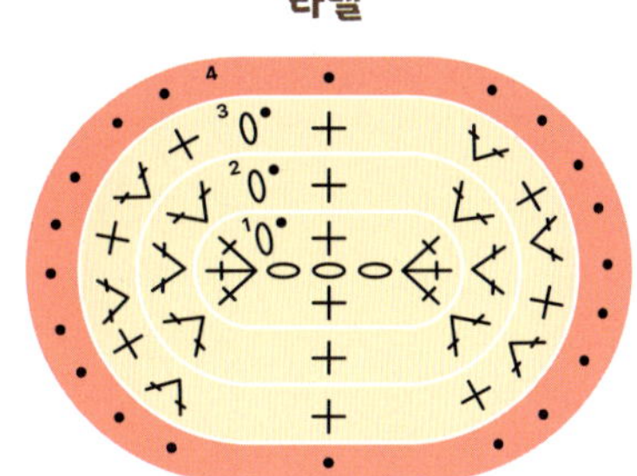

Crochet No.3	# 필름 카드 지갑
Making Story	영화 필름을 카드 지갑으로 만들어 보았습니다. 두 가지 색상을 이용한 작품이라 배색을 연습하기에도 좋습니다. 카드뿐만 아니라 포토 티켓이나 명함을 보관하기에도 좋은 필름 카드지갑이에요.
Photo	
How to Make	**뜨는 방법** ☐ 사슬을 이용해 기초단을 만들고 한길 긴뜨기와 짧은뜨기로 단을 늘립니다. ☐ 배색에 유의하며 진행합니다.
Object	☐ 실: 쎄비 로미오 1호(흰색) 5g, 69호(검정) 5g ☐ 도구: 3.5mm 코바늘, 돗바늘 ☐ 크기: 가로 9.5, 세로 5.5cm

만드는 법

기초단: (검정) 사슬 19

1단: 기둥 사슬 3 • (사슬의 반코에) 한길 긴뜨기 18 • (사슬의 반코와 코산에) 한길 긴뜨기 1 • [(흰색) 한길 긴뜨기 2 • (검정) 한길 긴뜨기 1] × 6 • 빼뜨기 (총 38코)

2단: 기둥 사슬 1 • 짧은뜨기 38 • 빼뜨기 (총 38코)

3~5단: 기둥 사슬 3 • 한길 긴뜨기 19 • [(흰색) 한길 긴뜨기 8 • (검정) 한길 긴뜨기 1] × 2 • 빼뜨기 (총 38코)

6단: 기둥 사슬 1 • 짧은뜨기 38 • 빼뜨기 (총 38코)

7단: 기둥 사슬 3 • 한길 긴뜨기 19 • [(흰색) 한길 긴뜨기 2 • (검정) 한길 긴뜨기 1] × 6 • 빼뜨기 (총 38코)

필름 카드 지갑

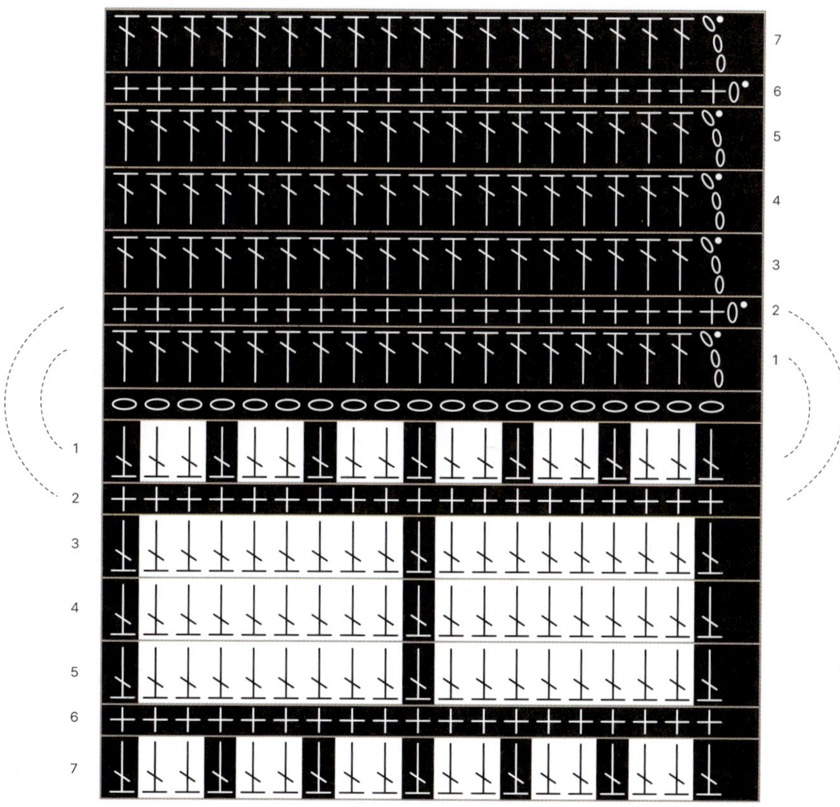

Crochet No.4	# 버터 오징어군 키링
Making Story	영화관의 대표 간식인 버터구이 오징어를 보며 떠올린 작품입니다. 버터에 구워진 색감과 꼬불꼬불한 다리가 포인트랍니다. 키링으로 달고 다니면 어디선가 고소한 냄새가 날 것 같은 기분도 듭니다.
Photo	
How to Make	**뜨는 방법** ☐ 머리부터 시작해서 다리까지 한 번에 만듭니다. ☐ 오징어 눈과 입은 돗바늘로 수놓아 완성합니다.
Object	☐ 실: 쎄비 로미오 2호(크림) 4g, 69호(검정) 2g ☐ 도구: 3.5mm 코바늘, 돗바늘 ☐ 크기: 가로 4.5, 세로 6cm

만드는 법

기초단: (크림) 매직링

1단: 기둥 사슬 1 • 짧은뜨기 6 • 빼뜨기 (총 6코)

매직링을 조입니다.

2단: 기둥 사슬 1 • [짧은뜨기 1 • 짧은 2코 늘려뜨기 1] × 3 • 빼뜨기 (총 9코)

3단: 기둥 사슬 1 • [짧은뜨기 1 • 짧은 2코 늘려뜨기 1 • 짧은뜨기 1] × 3 • 빼뜨기 (총 12코)

4단: 기둥 사슬 1 • [짧은뜨기 2 • 짧은 2코 늘려뜨기 2 • 짧은뜨기 2] × 2 • 빼뜨기 (총 16코)

5단: 기둥 사슬 1 • [짧은뜨기 3 • 짧은 2코 늘려뜨기 2 • 짧은뜨기 3] × 2 • 빼뜨기 (총 20코)

6단: 기둥 사슬 1 • 짧은뜨기 3 • (4코 건너뛰고 다음 코부터) 짧은뜨기 6 • (4코 건너뛰고 다음 코부터) 짧은뜨기 3 • 빼뜨기 (총 12코)

7단: 기둥 사슬 1 • [짧은뜨기 2 • 짧은 2코 늘려뜨기 1 • 짧은뜨기 3] × 2 • 빼뜨기 (총 14코)

8단: 기둥 사슬 1 • 짧은뜨기 14 • 빼뜨기 (총 14코)

9단: 기둥 사슬 1 • [짧은뜨기 2 • 짧은 2코 모아뜨기 1 • 짧은뜨기 3] × 2 • 빼뜨기 (총 12코)

10단: 기둥 사슬 1 • [짧은뜨기 2 • 짧은 2코 모아뜨기 1 • 짧은뜨기 2] × 2 • 빼뜨기 (총 10코)

11단: [사슬 3 • 기둥 사슬 1 • 빼뜨기 3 • (10단의 코에) 빼뜨기] × 2 • [사슬 5 • 기둥 사슬 1 • 빼뜨기 5 • (10단의 코에) 빼뜨기] •

[사슬 3 • 기둥 사슬 1 • 빼뜨기 3 • (10단의 코에) 빼뜨기] × 4 • [사슬 5 • 기둥 사슬 1 • 빼뜨기 5 • (10단의 코에) 빼뜨기] •

[사슬 3 • 기둥 사슬 1 • 빼뜨기 3 • (10단의 코에) 빼뜨기] × 2

7~8단 사이에 오징어 눈을 검정색 실과 돗바늘로 수놓습니다. 이때 매듭 자수로 만듭니다.

8~9단 사이에 오징어 입을 검정색 실과 돗바늘로 수놓습니다.

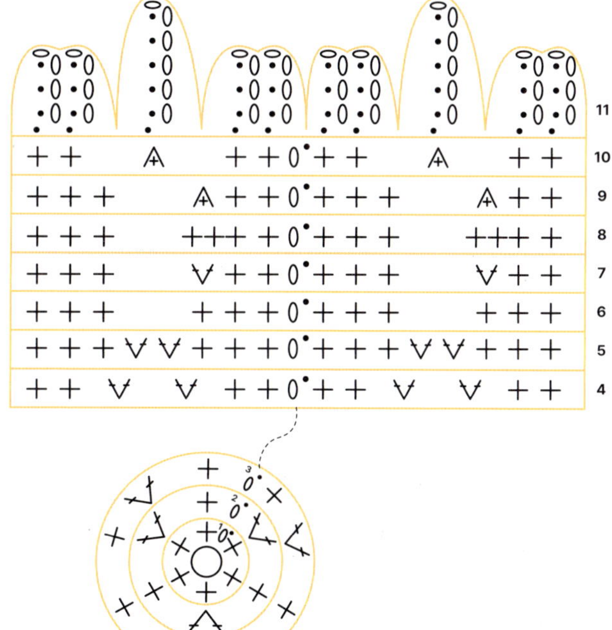

Project :
004

베이스볼 러버스 클럽

Making
Story

야구를 좋아한다면 주목!
야구를 직접 즐기는 사람도, 경기장에 가서 응원하는 사람도
모두 만들고 싶은 아이템으로 꾸렸습니다.
우리 팀의 우승을 기원하는 뜨개 소품 만들어 가세요!

004

Baseball

Crochet No.1	# 모자 쓴 야구공 키링

Making Story

모자를 살짝 눌러쓴 야구공 키링입니다.

손 안에 쏙 들어오는 크기의 키링이라 언제 어디서나 지니고 다닐 수 있답니다.

응원하는 팀의 색으로 모자를 만들면 나만의 승리 요정 아이템으로 변신합니다.

Photo

How to Make

뜨는 방법

- ☐ 모자부터 시작해서 야구공까지 한 번에 만듭니다.
- ☐ 모자챙은 뒤반코뜨기를 뜨며 남은 반코에 실을 새로 가져와 만듭니다.
- ☐ 빨간색 실로 야구공의 스티치를 표현합니다.

Object

- ☐ 실: 앵콜스 롤리코튼
  A-25호(오렌지) 3g, B-00호(화이트) 5g, C-28호(레드) 1g
- ☐ 도구: 3.5mm 코바늘, 돗바늘, 솜
- ☐ 크기: 지름 5cm

이렇게 떠도 예뻐요!
A-앵콜스 롤리코튼 28호(레드)
/ 29호(체리) / 30호(버건디)
/ 58호(블루) 59호(데님) /
60호(네이비) / 79호(블랙)

만드는 법

모자

기초단: (A실) 매직링

1단: 기둥 사슬 1 · 짧은뜨기 6 · 빼뜨기 (총 6코)

매직링을 조입니다.

2단: 기둥 사슬 1 · 짧은 2코 늘려뜨기 6 · 빼뜨기 (총 12코)

3단: 기둥 사슬 1 · [짧은뜨기 1 · 짧은 2코 늘려뜨기 1] × 6 · 빼뜨기 (총 18코)

4단: 기둥 사슬 1 · [짧은뜨기 3 · 짧은 2코 늘려뜨기 1 · 짧은뜨기 4 · 짧은 2코 늘려뜨기 1] × 2 · 빼뜨기 (총 22코)

5단: 기둥 사슬 1 · [짧은뜨기 5 · 짧은 2코 늘려뜨기 1 · 짧은뜨기 5] × 2 · 빼뜨기 (총 24코)

야구공

모자에 B실을 이어서 뜹니다.

6단: 기둥 사슬 1 · 짧은뜨기 8 · 짧은 뒤반코뜨기 8 · 짧은뜨기 8 · 빼뜨기 (총 24코)

7단: 기둥 사슬 1 · 짧은뜨기 24 · 빼뜨기 (총 24코)

8단: 기둥 사슬 1 · 짧은뜨기 24 · 빼뜨기 (총 24코)

9단: 기둥 사슬 1 · [짧은뜨기 5 · 짧은 2코 모아뜨기 1 · 짧은뜨기 5] × 2 · 빼뜨기 (총 22코)

10단: 기둥 사슬 1 · [짧은뜨기 3 · 짧은 2코 모아뜨기 1 · 짧은뜨기 4 · 짧은 2코 모아뜨기 1] × 2 · 빼뜨기 (총 18코)

11단: 기둥 사슬 1 · [짧은뜨기 1 · 짧은 2코 모아뜨기 1] × 6 · 빼뜨기 (총 12코)

이때 솜을 채웁니다.

12단: 기둥 사슬 1 · 짧은 2코 모아뜨기 6 · 빼뜨기 (총 6코)

실을 자르고 돗바늘로 모든 코를 통과시킨 후 조입니다.

돗바늘과 C실로 수놓아 야구공의 스티치를 표현합니다.

모자챙

6-2단: '모자' 5단 9번째 코의 남은 앞반코에 A실을 새로 가져와 진행합니다.

기둥 사슬 1 · 짧은뜨기 1 · 긴뜨기 1+한길 긴뜨기 1 · 한길 긴뜨기 1 · 두길 긴 2코 늘려뜨기 2 · 한길 긴뜨기 1 · 한길 긴뜨기 1+긴뜨기 1 · 짧은뜨기 1 · 사슬 1 · 빼뜨기 (총 12코)

실을 잘라 마무리합니다.

모자~야구공(기초단~12단)

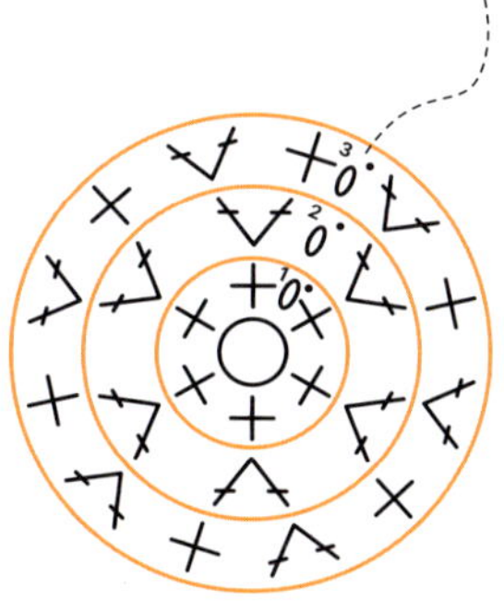

모자챙(6-2단)

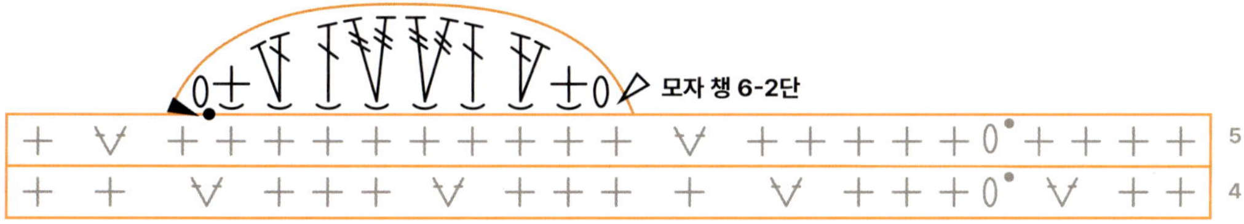

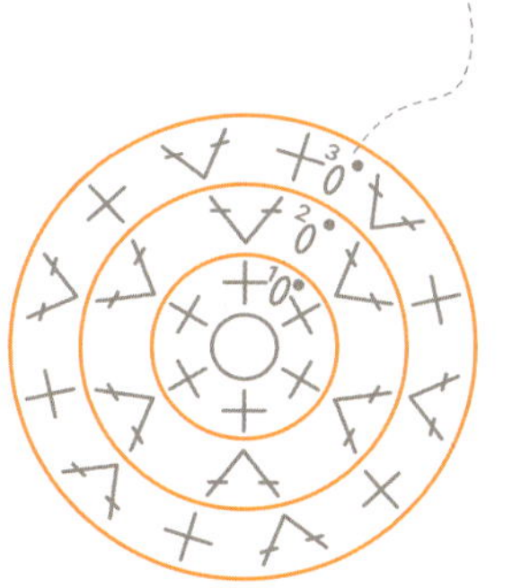

모자와 야구공 분리

모자 단품

기초단: (A실) 매직링

1단: 기둥 사슬 1 · 짧은뜨기 6 · 빼뜨기 (총 6코)
매직링을 조입니다.

2단: 기둥 사슬 1 · 짧은 2코 늘려뜨기 6 · 빼뜨기 (총 12코)

3단: 기둥 사슬 1 · [짧은뜨기 1 · 짧은 2코 늘려뜨기 1] × 6 ·
빼뜨기 (총 18코)

4단: 기둥 사슬 1 · [짧은뜨기 3 · 짧은 2코 늘려뜨기 1 ·
짧은뜨기 4 · 짧은 2코 늘려뜨기 1] × 2 · 빼뜨기 (총 22코)

5단: 기둥 사슬 1 · [짧은뜨기 5 · 짧은 2코 늘려뜨기 1 ·
짧은뜨기 5] × 2 · 빼뜨기 (총 24코)

6단: 기둥 사슬 1 · 짧은뜨기 24 · 빼뜨기 (총 24코)
실을 잘라 마무리합니다.

7단: 6단 9번째 코의 남은 앞반코에 A실을 새로 가져와
진행합니다.
기둥 사슬 1 · 짧은뜨기 1 · 긴뜨기 1+한길 긴뜨기 1 · 한길
긴뜨기 1 · 두길 긴 2코 늘려뜨기 2 · 한길 긴뜨기 1 · 한길
긴뜨기 1+긴뜨기 1 · 짧은뜨기 1 · 사슬 1 · 빼뜨기 (총 12코)

야구공 단품

기초단: (B실) 매직링

1단: 기둥 사슬 1 · 짧은뜨기 6 · 빼뜨기 (총 6코)
매직링을 조입니다.

2단: 기둥 사슬 1 · 짧은 2코 늘려뜨기 6 · 빼뜨기 (총 12코)

3단: 기둥 사슬 1 · [짧은뜨기 1 · 짧은 2코 늘려뜨기 1] × 6 ·
빼뜨기 (총 18코)

4단: 기둥 사슬 1 · [짧은뜨기 3 · 짧은 2코 늘려뜨기 1 ·
짧은뜨기 4 · 짧은 2코 늘려뜨기 1] × 2 · 빼뜨기 (총 22코)

5단: 기둥 사슬 1 · [짧은뜨기 5 · 짧은 2코 늘려뜨기 1 ·
짧은뜨기 5] × 2 · 빼뜨기 (총 24코)

6단: 기둥 사슬 1 · 짧은뜨기 24 · 빼뜨기 (총 24코)

7단: 기둥 사슬 1 · 짧은뜨기 24 · 빼뜨기 (총 24코)

8단: 기둥 사슬 1 · [짧은뜨기 5 · 짧은 2코 모아뜨기 1 ·
짧은뜨기 5] × 2 · 빼뜨기 (총 22코)

9단: 기둥 사슬 1 · [짧은뜨기 3 · 짧은 2코 모아뜨기 1 ·
짧은뜨기 4 · 짧은 2코 모아뜨기 1] × 2 · 빼뜨기 (총 18코)

10단: 기둥 사슬 1 · [짧은뜨기 1 · 짧은 2코 모아뜨기 1] × 6 ·
빼뜨기 (총 12코)
이때 솜을 채웁니다.

11단: 기둥 사슬 1 · 짧은 2코 모아뜨기 6 · 빼뜨기 (총 6코)
실을 자르고 돗바늘로 모든 코를 통과시킨 후 조입니다.
돗바늘과 C실로 수놓아 야구공의 스티치를 표현합니다.

Crochet No.2	# 생맥주 에어팟 파우치

Making Story

초여름의 야구장에서 생맥주를 판매하는 것을 보고 깜짝 놀란 적이 있습니다.
지금까지 기억날 정도로 특별한 경험이었어요.
갓 따라서 더 맛있는 생맥주를 뜨개 파우치로 만들어보아요.
물론 미성년자는 음주 금지입니다!

Photo

How to Make

뜨는 방법

- ☐ 일반적인 크기의 사슬과 일부러 늘린 큰 사슬을 사용해 기초단을 만듭니다.
  큰 사슬은 에어팟 충전 구멍이 됩니다.
- ☐ 한길 긴 4코 구슬뜨기로 생맥주의 거품을 표현합니다. 10단의 구슬뜨기는 다발에
  뜹니다.
- ☐ 맥주잔 손잡이와 조임끈은 따로 만들어 파우치에 연결합니다.

Object

- ☐ 실: 앵콜스 롤리코튼 00호(화이트) 6g, 롤리코튼 20호(옐로) 6g
- ☐ 도구: 3.5mm 코바늘, 돗바늘, 올풀림 방지액
- ☐ 크기: 가로 9, 세로 8cm

만드는 법

맥주잔

기초단: (옐로) 사슬 3 · 큰 사슬 1 · 사슬 3

1단: 기둥 사슬 1 · (사슬의 반코에) 짧은뜨기 3 · (큰 사슬의 반코에) 짧은뜨기 4 · (사슬의 반코에) 짧은뜨기 2 · (첫 번째 사슬의 반코에) 짧은 3코 늘려뜨기 1 · (남은 사슬의 반코와 코산에) 짧은뜨기 2 · (큰 사슬의 반코와 코산에) 짧은뜨기 4 · (남은 사슬의 반코와 코산에) 짧은뜨기 2 · 짧은 2코 늘려뜨기 1 · 빼뜨기 (총 22코)

2단: 기둥 사슬 1 · [짧은뜨기 10 · 짧은 2코 늘려뜨기 1] × 2 · 빼뜨기 (총 24코)

3단: 기둥 사슬 1 · [짧은뜨기 10 · 짧은 2코 늘려뜨기 2] × 2 · 빼뜨기 (총 28코)

4~8단: 기둥 사슬 1 · 짧은뜨기 28 · 빼뜨기 (총 28코)

맥주 거품

맥주잔에 화이트색 실을 가져와 진행합니다.

9단: 기둥 사슬 2 · 한길 긴 3코 구슬뜨기 1 · 사슬 2 · [(한 코 건너뛰고) 한길 긴 4코 구슬뜨기 1 · 사슬 2] × 13 · 빼뜨기 (총 42코)

10단: 기둥 사슬 2 · (코 아래에서)한길 긴 3코 구슬뜨기 1 · 사슬 2 · [(한 코 건너뛰고) (코 아래에서)한길 긴 4코 구슬뜨기 1 · 사슬 2] × 13 · 빼뜨기 (총 42코)

11단: 기둥 사슬 2 · 사슬 1 · [(한 코 건너뛰고) 긴뜨기 1 · 사슬 1] × 13 · 빼뜨기 (총28코)

실을 잘라 마무리합니다.

맥주잔 손잡이

기초단: (옐로) 이중 사슬뜨기 10

맥주잔 3~4단 사이와 7~8단의 사이에 돗바늘로 연결합니다.

조임끈

기초단: (화이트) 사슬뜨기 50

'맥주 거품' 11단 사슬을 만들면서 생긴 구멍에 조임끈을 번갈아가며 끼웁니다.

양쪽 꼬리실을 묶어 사슬 사이로 숨기고, 올풀림 방지액을 발라 마무리합니다.

생맥주 에어팟 파우치

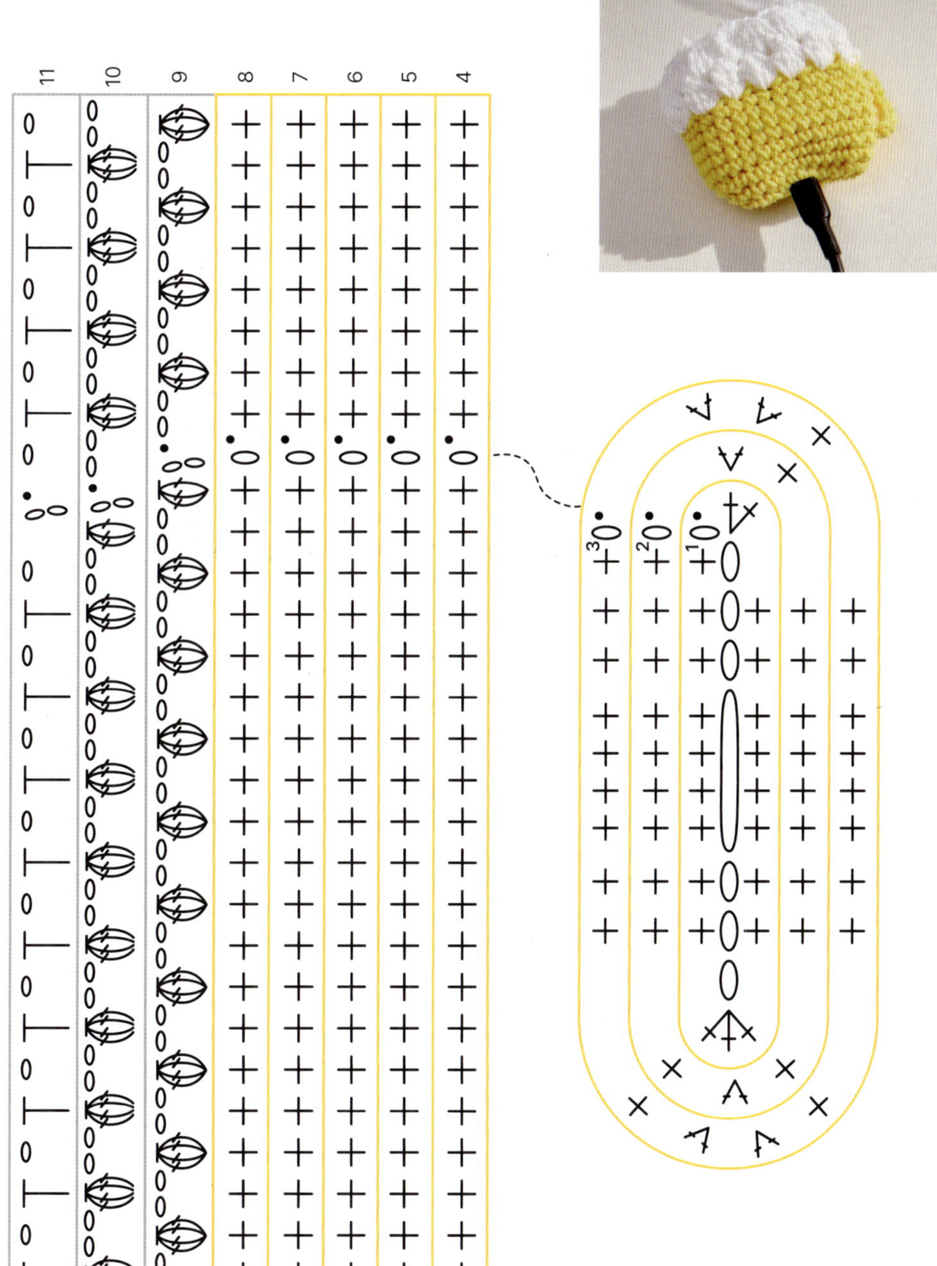

Crochet No.3	# 스트라이크 코스터

Making Story

야구 팬이라면 누구나 간절히 외쳤을 그 문장, "공을 네모 안에 넣어!"
9칸의 스트라이크 존을 코스터로 만들어 본 작품입니다.
야구공을 네모 안에 넣어 우리 팀의 승리를 빌어봅시다.

Photo

How to Make

뜨는 방법

☐ 한길 긴뜨기 배색을 이용해 네모 코스터를 만듭니다.
마지막으로 코스터의 사방을 짧은뜨기로 감쌉니다.
☐ 코스터에 돗바늘로 야구공을 연결합니다. 실사용하려면 컵이 올라갈 수 있도록
가운데를 비워두고 야구공을 배치합니다.

Object

☐ 실: 앵콜스 롤리코튼 00호(화이트) 10g, 79호(블랙) 3g, 28호(레드) 1g
☐ 도구: 3.5mm 코바늘, 돗바늘
☐ 크기: 가로 10, 세로 10.5cm

만드는 법

야구공

기초단: (화이트) 매직링

1단: 기둥 사슬 1 · 짧은뜨기 6 · 빼뜨기 (총 6코)

매직링을 조입니다.

2단: 기둥 사슬 1 · 짧은 2코 늘려뜨기 6 · 빼뜨기 (총 12코)

3단: 기둥 사슬 1 · 짧은뜨기 12 · 빼뜨기 (총 12코)

4단: 기둥 사슬 1 · 짧은뜨기 12 · 빼뜨기 (총 12코)

실을 약 50cm 남겨 자르고 마무리합니다.

빨간색 실과 돗바늘을 이용해 야구공 스티치를 수놓습니다.

취향에 따라 1~3개의 야구공을 만듭니다.

네모 코스터

기초단: (화이트) 사슬 20

1단: 모든 코를 사슬의 반코에 뜹니다.

기둥 사슬 3 · 한길 긴뜨기 5 · (블랙) 한길 긴뜨기 1 · (화이트) 한길 긴뜨기 6 · (블랙) 한길 긴뜨기 1 ·

(화이트) 한길 긴뜨기 6 (총 20코)

2~3단: 기둥 사슬 3 · 한길 긴뜨기 5 · (블랙) 한길 긴뜨기 1 · (화이트) 한길 긴뜨기 6 · (블랙) 한길 긴뜨기 1 ·

(화이트) 한길 긴뜨기 6 (총 20코)

4단: (블랙) 기둥 사슬 1 · 짧은뜨기 20 (총 20코)

5~7단: (화이트) 기둥 사슬 3 · 한길 긴뜨기 5 · (블랙) 한길 긴뜨기 1 · (화이트) 한길 긴뜨기 6 · (블랙) 한길 긴뜨기 1 ·

(화이트) 한길 긴뜨기 6 (총 20코)

8단: (블랙) 기둥 사슬 1 · 짧은뜨기 20 (총 20코)

9~11단: 기둥 사슬 3 · 한길 긴뜨기 5 · (블랙) 한길 긴뜨기 1 · (화이트) 한길 긴뜨기 6 · (블랙) 한길 긴뜨기 1 ·

(화이트) 한길 긴뜨기 6 (총 20코)

12단: (블랙) 기둥 사슬 1 · 짧은뜨기 19 · 짧은 3코 늘려뜨기 1 · (코스터의 왼쪽 변에) 짧은뜨기 18 ·

짧은 3코 늘려뜨기 1 · (기초단 사슬의 반코와 코산에) 짧은뜨기 18 · 짧은 3코 늘려뜨기 1 ·

(코스터의 오른쪽 변에) 짧은뜨기 18 · 짧은 2코 늘려뜨기 1 · 첫 코에 빼뜨기 (총 84코)

실을 잘라 마무리합니다.

완성한 네모 코스터에 야구공을 꼬리실과 돗바늘을 이용해 연결합니다.

네모 코스터

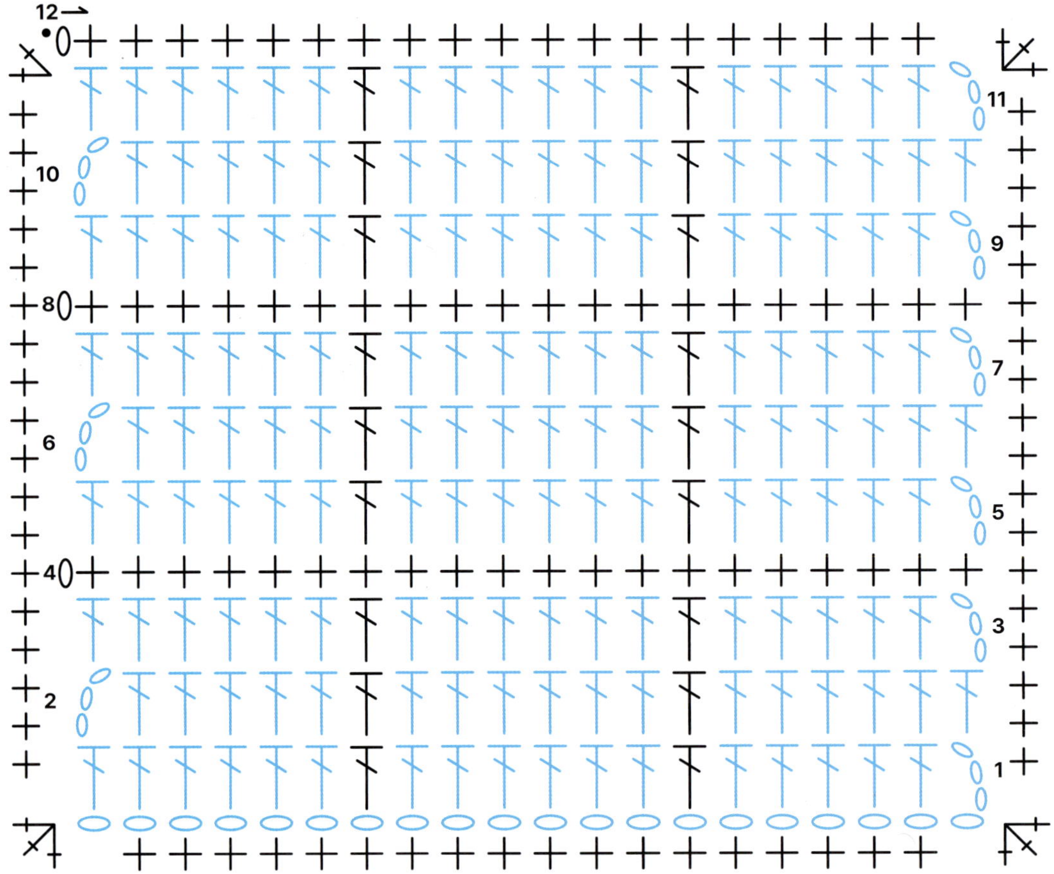

Crochet No.4	# 베이스볼 유니폼

Making Story

개굴씨가 입을 수 있는 야구 유니폼입니다. 응원하는 마음을 담아 귀엽게 표현한 작품입니다.

좋아하는 팀의 색으로 만들어 개굴씨에게 입히면 나만의 야구 소품이 된답니다.

개굴씨 없이도 군번줄을 달아 키링으로 만들어도 좋습니다.

Photo

color

How to Make

뜨는 방법

- ☐ 톱다운 방식으로 만듭니다. 소매를 분리하고, 분리한 팔 부분에
  실을 새로 이어 소매를 완성합니다.
- ☐ 유니폼 몸판은 평면뜨기로, 소매는 원통형으로 만듭니다.
- ☐ 유니폼의 무늬와 등판의 숫자는 돗바늘로 수놓아 자유롭게 완성하세요.

이렇게 떠도 예뻐요!
A-앵콜스 롤리코튼 28호(레드)
/ 29호(체리) / 30호(버건디)
/ 58호(블루) / 59호(데님) /
60호(네이비) / 79호(블랙)

Object

- ☐ 실: 앵콜스 롤리코튼 A-25호(오렌지) 5g, B-60호(네이비) 1g
- ☐ 도구: 3.5mm 코바늘, 돗바늘
- ☐ 크기: 가로 9, 세로 5cm

만드는 법

유니폼 몸판

기초단: (A실) 사슬 24

1단: 기둥 사슬 1 · (모든 코 사슬의 코산에) 짧은뜨기 5 · 짧은 2코 늘려뜨기 1 · 짧은뜨기 12 · 짧은 2코 늘려뜨기 1 · 짧은뜨기 5 (총 26코)

2단: 기둥 사슬 1 · 짧은뜨기 26 (총 26코)

3단: 기둥 사슬 1 · 짧은뜨기 3 · 사슬 4 · (6코 건너뛰고 다음 코부터) 짧은뜨기 8 · 사슬 4 · (6코 건너뛰고 다음 코부터) 짧은뜨기 3 (총 22코)

4단: 기둥 사슬 1 · 짧은뜨기 3 · (사슬의 반코에) 짧은뜨기 4 · 짧은뜨기 8 · (사슬의 반코에) 짧은뜨기 4 · 짧은뜨기 3 (총 22코)

5단: 기둥 사슬 1 · 짧은뜨기 22 (총 22코)

6단: 기둥 사슬 1 · 짧은뜨기 22 (총 22코)

실을 잘라 마무리합니다.

유니폼

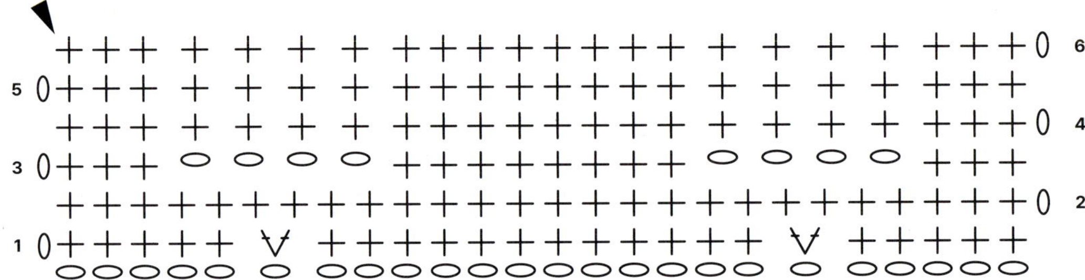

왼쪽 소매

1단: 유니폼 2단의 4번째 코에 A실을 새로 가져와 시작합니다.

기둥 사슬 1 · 짧은뜨기 6 · (3단에서 만든 사슬의 반코와 코산에) 짧은뜨기 4 · 빼뜨기 (총 10코)

2단: 기둥 사슬 1 · 짧은뜨기 10 · 빼뜨기 (총 10코)

3단: 기둥 사슬 1 · 짧은뜨기 10 · 빼뜨기 (총 10코)

실을 잘라 마무리합니다.

오른쪽 소매

1단: 유니폼 2단의 18번째 코에 A실을 새로 가져와서 시작합니다.

기둥 사슬 1 · 짧은뜨기 6 · (3단에서 만든 사슬의 반코와 코산에) 짧은뜨기 4 · 빼뜨기 (총 10코)

2단: 기둥 사슬 1 · 짧은뜨기 10 · 빼뜨기 (총 10코)

3단: 기둥 사슬 1 · 짧은뜨기 10 · 빼뜨기 (총 10코)

실을 잘라 마무리합니다.

유니폼의 무늬와 등판의 번호는 원하는대로 수놓아 완성합니다.

이때 돗바늘로 백스티치를 해 수놓습니다.

왼쪽 소매, 오른쪽 소매

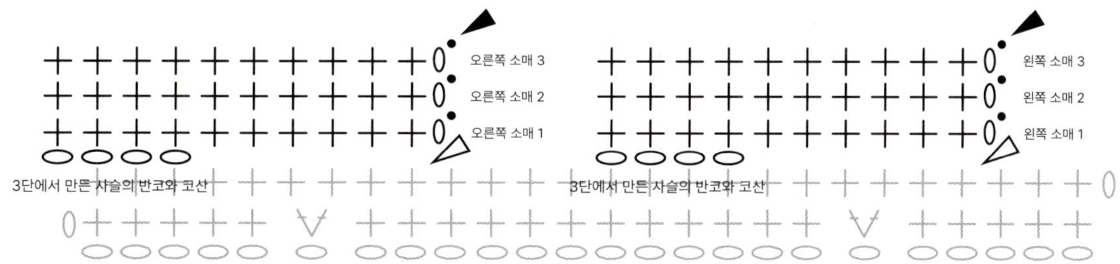

Project :

005

행운 수집 동아리

Making Story

'행운'이라는 단어를 생각하면 아이러니하다는 생각이 먼저 듭니다.
나는 행운 같은 거 없는 사람 같다가도, 지나고 생각해보면
모든 것이 행운이 따라서 생긴 일 같기도 하거든요.
제가 뜨개를 시작한 것, 여러분이 저를 발견해주신 것처럼요!
행운의 상징인 클로버를 다양하게 풀어낸 이번 시리즈를 소개합니다.
여러분의 모든 순간에 행운과 행복이 깃들길 바라며, 재밌게 즐겨주세요!

005

Good Luck

Crochet No.1	# 액막이 개굴씨

Making Story

우리나라 사람이라면 모두 아는 '액막이 명태'!

명태 대신 액운을 막아줄 액막이 개굴씨는 어떠신가요?

현관이나 방 한편에 걸어 행운과 행복을 기다려보세요. 좋은 일만 가져다줄 거예요.

Photo

뜨는 방법

- ☐ 앞서 나왔던 개굴씨와 달리 눈부터 시작해서 다리까지 뜨는 방식입니다.
- ☐ 휘어진 몸은 짧은뜨기와 긴뜨기, 한길 긴뜨기의 높이 차를 이용해 만듭니다.
- ☐ 팔과 네잎클로버는 따로 만들어 돗바늘로 연결합니다.
- ☐ 아이보리색 실을 명주실처럼 꼬아 개굴씨를 끼우면 완성입니다.

Object

- ☐ 실: 쎄비 로미오 4호(아이보리) 5g, 50호(풀색) 2g, 69호(검정) 2g,
　　80호(네온 배추벌레) 15g
- ☐ 도구: 3.5mm 코바늘, 돗바늘, 솜
- ☐ 크기: 가로 15, 세로 15cm

만드는 법

개굴씨 팔

기초단: (네온 배추벌레) 매직링

1단: 기둥 사슬 1 • 짧은뜨기 5 • 빼뜨기 (총 5코)

매직링을 조입니다.

2~4단: 기둥 사슬 1 • 짧은뜨기 5 • 빼뜨기 (총 5코)

실을 약 30cm 남기고 잘라 마무리합니다.

1~4단을 한 번 더 반복해 총 2개의 팔을 만들어 준비합니다.

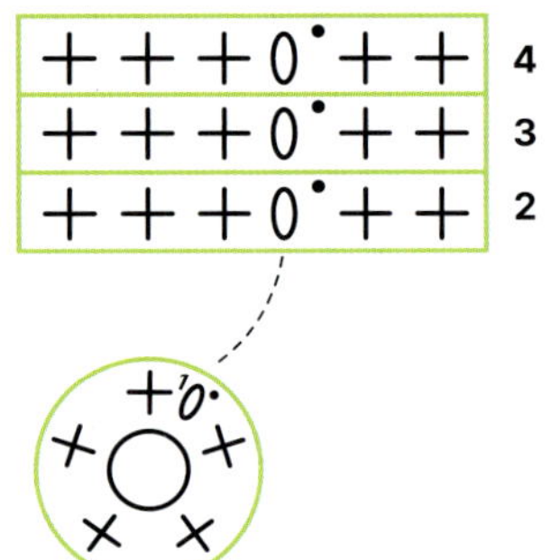

네잎클로버

기초단: (풀색) 매직링

1단: [기둥 사슬 2 • 한길 긴 3코 구슬뜨기 • 사슬 2 • (매직링에) 빼뜨기] × 4

매직링을 조이고 실을 약 30cm 남기고 잘라 마무리합니다.

개굴씨 눈~다리

기초단: (네온 배추벌레) 매직링

1단: 기둥 사슬 1 • 짧은뜨기 6 • 빼뜨기 (총 6코)

매직링을 조입니다.

2단: 기둥 사슬 1 • 짧은뜨기 6 • 빼뜨기 (총 6코)

실을 잘라 마무리합니다.

1~2단을 한 번 더 반복해 눈을 총 2개 만듭니다. 두 번째 눈은 완성한 뒤 실을 끊지 않고 이어서 3단을 진행합니다.

3단: 사슬 3 • (미리 만들어 둔 눈 편물의 첫 코에) 빼뜨기 • 기둥 사슬 1 • 짧은뜨기 6 • (사슬의 반코에) 짧은뜨기 3 • (두 번째로 만든 눈 편물) 짧은뜨기 6 • (사슬의 반코와 코산에) 짧은뜨기 3 • 빼뜨기 (총 18코)

4~6단: 기둥 사슬 1 • 짧은뜨기 18 • 빼뜨기 (총 18코)

7~13단: 기둥 사슬 3 • 한길 긴뜨기 5 • 긴뜨기 3 • 짧은뜨기 2 • 빼뜨기 2 • 짧은뜨기 2 • 긴뜨기 3 • 빼뜨기 (총 18코)

14~18단: 기둥 사슬 1 • 짧은뜨기 18 • 빼뜨기 (총 18코)

19단: 기둥 사슬 1 • 짧은뜨기 8 • (첫 코에) 빼뜨기 (총 8코)

20~31단: 기둥 사슬 1 • 짧은뜨기 8 • 빼뜨기 (총 8코)

이 단계에서 솜을 채웁니다.

실을 자르고 돗바늘로 모든 코를 통과시킨 후 조입니다.

개굴씨 눈~다리

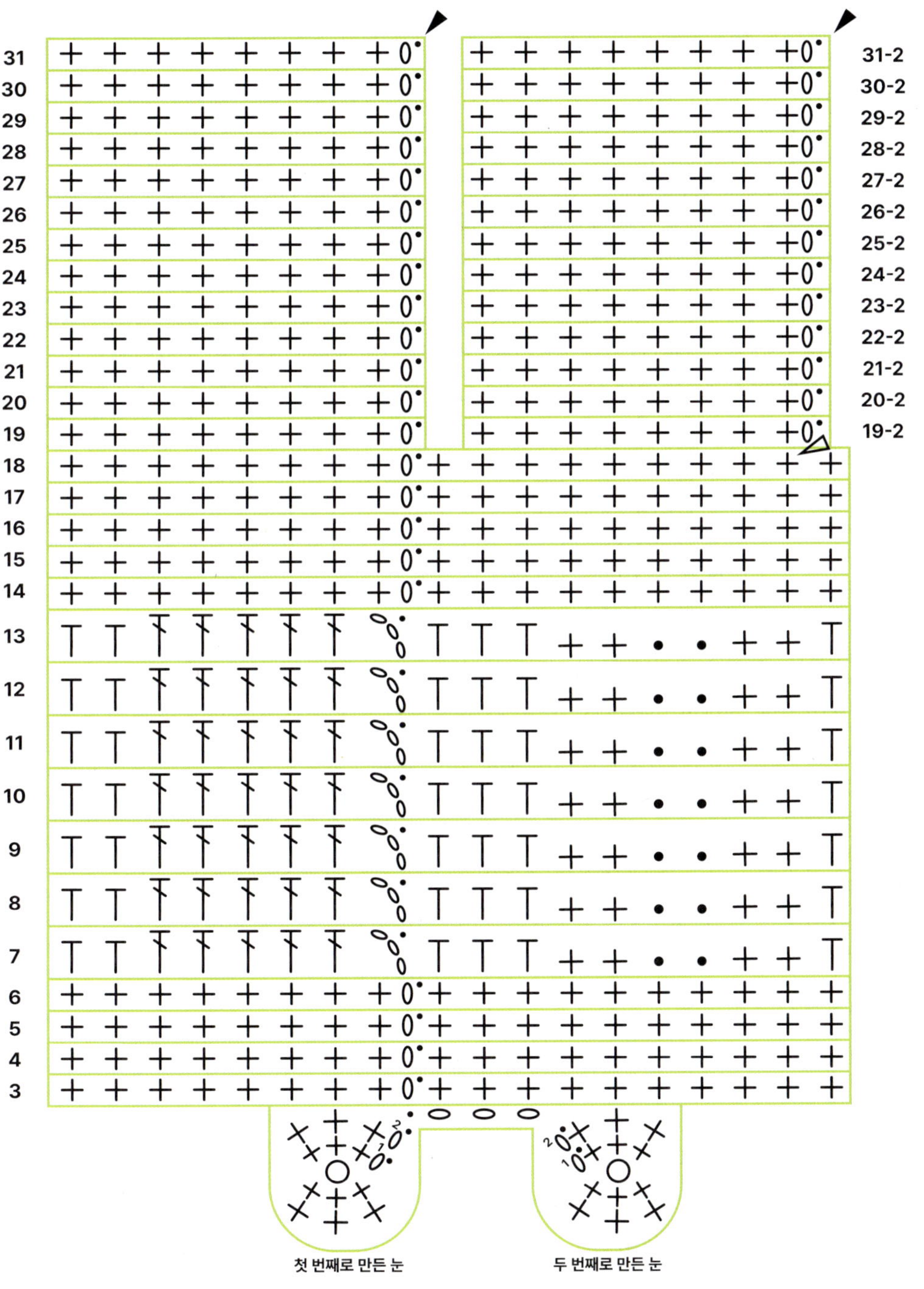

19-2단: 18단의 10번째 코에 네온 배추벌레색 실을 새로 가져와서 진행합니다.

기둥 사슬 1 · 짧은뜨기 8 · (첫 코에) 빼뜨기 (총 8코)

20-2~31-2단: 기둥 사슬 1 · 짧은뜨기 8 · 빼뜨기 (총 8코)

완성하기 전, 이 단계에서 솜을 채웁니다.

실을 자르고 돗바늘로 모든 코를 통과시킨 후 조입니다.

30단과 30-2단을 꼬리실과 돗바늘로 연결해서 붙여줍니다.

3~4단의 6번째 코, 10번째 코에 검은색 실을 매듭지어 눈을 수놓습니다.

5~6단의 8~9번째 코에 입을 수놓습니다.

10~11단에 네잎클로버를 돗바늘로 연결합니다.

10단에 팔을 꼬리실과 돗바늘을 이용해 연결합니다.

명주실

아이보리색 실을 64cm 둘레의 원형이 되도록 8~10번 감습니다.

양쪽에서 실을 잡고 꼬아줍니다.

꼬아진 실을 반 접고 상단을 꼬리실로 매듭짓습니다.

꼬아진 실 틈에 완성된 개굴씨를 끼워 넣어 완성합니다.

Crochet No.2	# 판다의 행운 수집함
Making Story	행운과 복을 상징하는 판다를 모티브로 만든 도구함입니다. 클로버를 한껏 끌어안아 더 귀여운 판다로 뜨개 바늘이나 가위 등 뜨개에 사용하는 작은 도구들을 꽂아 두기 좋은 크기입니다.
Photo	
How to Make	**뜨는 방법** ☐ 도구함의 안쪽 부분(1~16단)부터 바깥쪽 부분(17~34단)까지 한 번에 만드는 작품입니다. 완성한 후 안쪽 부분을 눌러 안면이 되도록 매만져 사용합니다. ☐ 판다 귀와 네잎클로버는 따로 만들어 돗바늘을 이용해 연결합니다. ☐ 완성하기 전 쓰러지지 않도록 500원 동전을 넣어 무게추로 이용합니다.
Object	☐ 실: 쎄비 로미오 1호(흰색) 22g, 47호(연두색) 3g, 69호(검정) 3g ☐ 도구: 3.5mm 코바늘, 돗바늘, 솜, 500원 동전 ☐ 크기: 가로 6, 세로 6, 높이 7cm

만드는 법

판다 귀

기초단: (검정) 사슬 2

1단: 기둥 사슬 1 • 긴뜨기 2 • 사슬 1 • (첫 사슬에) 빼뜨기

실을 약 30cm 남기고 잘라 마무리합니다.

총 2개의 귀를 만들어 준비합니다.

네잎클로버

기초단: (네온 배추벌레) 매직링

1단: [기둥 사슬 2 • 한길 긴 3코 구슬뜨기 • 사슬 2 • (매직링에) 빼뜨기] × 4

매직링을 조이고 실을 약 30cm 남기고 잘라 마무리합니다.

판다 몸체

기초단: (흰색) 매직링

1단: 기둥 사슬 1 • 짧은뜨기 6 • 빼뜨기 (총 6코)

매직링을 조입니다.

2단: 기둥 사슬 1 • 짧은 2코 늘려뜨기 6 • 빼뜨기 (총 12코)

3단: 기둥 사슬 1 • [짧은뜨기 1 • 짧은 2코 늘려뜨기 1] × 6 • 빼뜨기 (총 18코)

4단: 기둥 사슬 1 • [짧은뜨기 1 • 짧은 2코 늘려뜨기 1 • 짧은뜨기 1] × 6 • 빼뜨기 (총 24코)

5~16단: 기둥 사슬 1 • 짧은뜨기 24 • 빼뜨기 (총 24코)

17단: 기둥 사슬 1 • [짧은뜨기 3 • 짧은 2코 늘려뜨기 1] × 6 • 빼뜨기 (총 30코)

18단: 기둥 사슬 1 • 짧은뜨기 30 • 빼뜨기 (총 30코)

19단: 기둥 사슬 1 • [짧은뜨기 5 • 짧은 2코 늘려뜨기 1 • 짧은뜨기 4] × 3 • 빼뜨기 (총 33코)

20단: 기둥 사슬 1 • 짧은뜨기 33 • 빼뜨기 (총 33코)

21단: 기둥 사슬 1 • [짧은뜨기 5 • 짧은 2코 늘려뜨기 1 • 짧은뜨기 5] × 3 • 빼뜨기 (총 36코)

22단: (검정) 기둥 사슬 1 • 짧은뜨기 36 • 빼뜨기 (총 36코)

23단: 기둥 사슬 1 • 짧은뜨기 36 • 빼뜨기 (총 36코)

24단: 기둥 사슬 1 • 짧은뜨기 15 • 한길 긴 4코 구슬뜨기 1 • 짧은뜨기 4 • 한길 긴 4코 구슬뜨기 1 • 짧은뜨기 15 • 빼뜨기 (총 36코)

25단: 기둥 사슬 1 • 짧은뜨기 36 • 빼뜨기 (총 36코)

판다 귀

네잎클로버

판다 몸체

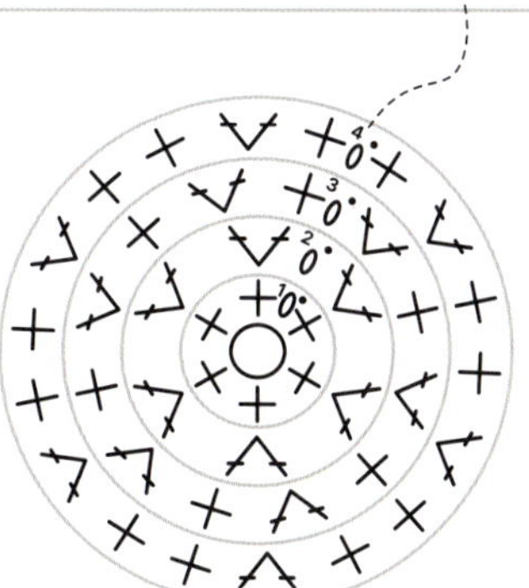

26단: (흰색) 기둥 사슬 1 · 짧은뜨기 36 · 빼뜨기 (총 36코)

27단: 기둥 사슬 1 · [짧은뜨기 5 · 짧은 2코 모아뜨기 1 · 짧은뜨기 5] × 3 · 빼뜨기 (총 33코)

28단: 기둥 사슬 1 · 짧은뜨기 33 · 빼뜨기 (총 33코)

29단: 기둥 사슬 1 · 짧은뜨기 5 · 짧은 2코 모아뜨기 1 · 짧은뜨기 6 ·

(검정) 한길 긴 4코 구슬뜨기 1 · (흰색) 짧은뜨기 2 · 짧은 2코 모아뜨기 1 · 짧은뜨기 1 ·

(검정) 한길 긴 4코 구슬뜨기 1 · (흰색) 짧은뜨기 7 · 짧은 2코 모아뜨기 1 · 짧은뜨기 4 ·

빼뜨기 (총 30코)

30단: 기둥 사슬 1 · 짧은뜨기 30 · 빼뜨기 (총 30코)

31단: 기둥 사슬 1 · [짧은뜨기 3 · 짧은 2코 모아뜨기 1] × 6 · 빼뜨기 (총 24코)

32단: 기둥 사슬 1 · [짧은뜨기 1 · 짧은 2코 모아뜨기 1 · 짧은뜨기 1] × 6 · 빼뜨기 (총 18코)

기초단~15단을 16단~32단의 안쪽으로 밀어 넣습니다. 내부 공간을 확보하며 벽을 세우듯 솜을
소량 채웁니다. 33단을 시작하기 전, 동전을 바닥 부분에 넣고 시작합니다.

33단: 기둥 사슬 1 · [짧은뜨기 1 · 짧은 2코 모아뜨기 1] × 6 · 빼뜨기 (총 12코)

34단: 기둥 사슬 1 · 짧은 2코 모아뜨기 6 · 빼뜨기 (총 6코)

실을 자르고 돗바늘로 모든 코를 통과시킨 후 조입니다.

2개의 귀를 판다 몸체 17~19단에 돗바늘로 비스듬하게 연결합니다.

네잎클로버를 판다 몸체 24단의 판다 팔 사이에 돗바늘을 이용해 연결합니다.

판다 몸체 19~20단에 검은색 실을 매듭지어 눈을 만듭니다.

Crochet No.3	# 행운 부적 키링

Making Story

일본의 오마모리에서 영감을 받아 만든 작품입니다.
가방처럼 매일 함께하는 물건에 달고 다니면 오늘의 행운이 상승하지 않을까요?
바라는 것이나 이루고 싶은 소원이 있다면 쪽지로 써서 행운 부적에 넣어보세요.
노력하는 당신에게 힘을 줄 거예요.

Photo

How to Make

뜨는 방법

- ☐ 제일 윗부분부터 시작해 클로버 무늬, 하단까지 한 번에 만듭니다.
- ☐ 긴 5코 구슬뜨기를 사용해 클로버 무늬를 만듭니다.
- ☐ 끈은 따로 만들어 행운 부적 3단에서 만든 구멍에 통과시켜 완성합니다.

Object

- ☐ 실: 쎄비 로미오 A-1호(흰색) 5g, B-50호(풀색) 1g
- ☐ 도구: 3.5mm 코바늘, 돗바늘, 올풀림 방지액
- ☐ 크기: 가로 5, 세로 11cm

만드는 법

행운 부적

기초단: (A실) 사슬 6

1단: 기둥 사슬 1 • (사슬의 반코에) 짧은뜨기 6 • (남은 사슬의 반코와 코산에) 짧은뜨기 6 • 빼뜨기 (총 12코)

2단: 기둥 사슬 1 • [짧은 2코 늘려뜨기 1 • 짧은뜨기 4 • 짧은 2코 늘려뜨기 1] × 2 • 빼뜨기 (총 16코)

3단: 기둥 사슬 1 • [짧은뜨기 3 • 사슬 2 • (2코 건너뛰고 다음 코부터) 짧은뜨기 3] × 2 • 빼뜨기 (총 16코)

4단: 기둥 사슬 1 • [짧은 2코 늘려뜨기 1 • 짧은뜨기 6 • 짧은 2코 늘려뜨기 1] × 2 • 빼뜨기 (총 20코)

5단: 기둥 사슬 1 • 짧은뜨기 20 • 빼뜨기 (총 20코)

6단: 기둥 사슬 3 • 한길 긴뜨기 2 • (B실) 사슬 1 • 긴 5코 구슬뜨기 1 • (2코 건너뛰고 다음 코에) 긴 5코 구슬뜨기 1 •
(A실) 사슬 1 • 한길 긴뜨기 13 • 빼뜨기 (총 20코)

7단: 기둥 사슬 3 • 한길 긴뜨기 2 • (B실) (2코 건너뛰고 다음 코에) 긴 5코 구슬뜨기 1 • 사슬 2 •
긴 5코 구슬뜨기 1 • (A실) 한길 긴뜨기 13 • 빼뜨기 (총 20코)

8~10단: 기둥 사슬 1 • 짧은뜨기 20 • 빼뜨기 (총 20코)

실을 잘라 마무리합니다.

끈

B실로 사슬 40개를 만들고 첫 코에 빼뜨기합니다.

양쪽 꼬리실을 사슬 사이로 숨기고, 올풀림 방지액을 발라 마무리합니다.

행운 부적 3단에서 만든 구멍에 끈을 넣어 사진처럼 묶습니다.

행운 부적

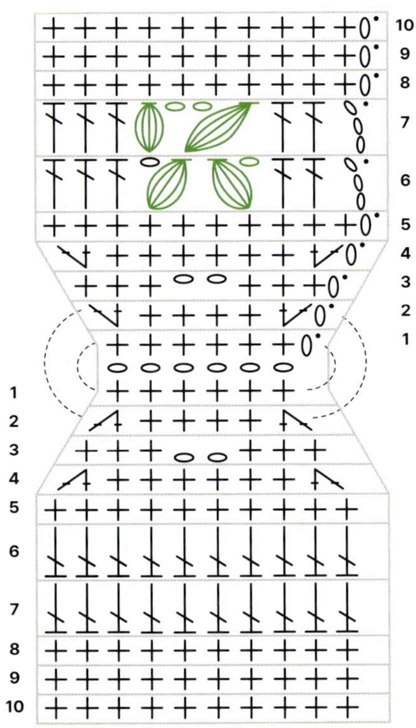

Crochet No.4	# 행운 산책 커튼발
Making Story	클로버 28개를 연결해 만든 커튼발입니다. 행운이 가득히 피어난 클로버 밭을 걷는 상상을 하며 디자인했습니다. 창가나 방문, 단조로운 벽에 걸어 두면 한층 싱그러운 공간으로 바뀐답니다.

Photo

How to Make

뜨는 방법

☐ 클로버를 모두 떠 두고 나중에 연결하는 것이 아닌, 클로버를 만들면서
　이미 만들어진 클로버에 연결하며 진행합니다.

Object

☐ 실: 쎄비 로미오 50호(풀색) 32g, 47호(연두색) 40g,
　80호(네온 배추벌레) 40g
☐ 도구: 3.5mm 코바늘, 돗바늘, 60~100cm 커튼봉, 커튼 집게
☐ 크기: 가로 68, 세로 28cm

이렇게 떠도 예뻐요!
추천 1: 앵콜스 포슬 17호(풀잎),
쎄비 로미오 76호(사슴브라운),
쎄비 로미오 2호(크림)
추천 2: 쎄비 로미오 48호(옥색),
1호(흰색), 34호(파스텔블루)

만드는 법

클로버 모티브

기초단: 매직링

1단: 기둥 사슬 1 · 짧은뜨기 6 · 빼뜨기 (총 6코)

매직링을 조입니다.

2단: 기둥 사슬 1 · 짧은 2코 늘려뜨기 6 · 빼뜨기 (총 12코)

3단: 기둥 사슬 1 · [짧은뜨기 1 · 짧은 2코 늘려뜨기 1] × 6 · 빼뜨기 (총 18코)

4단: 기둥 사슬 1 · [짧은뜨기 1 · 짧은 2코 늘려뜨기 1 · 짧은뜨기 1] × 6 · 빼뜨기 (총 24코)

5단: [(2코 건너뛰고 다음 코에) 한길 긴 9코 늘려뜨기 1 · (2코 건너뛰고 다음 코에) 빼뜨기] × 4 (총 36코)

실을 잘라 마무리합니다.

모티브 연결 순서

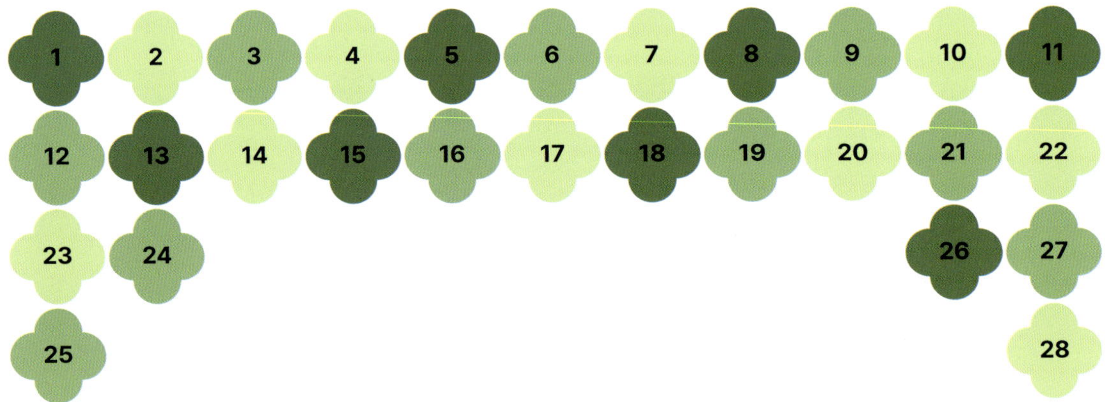

완성된 클로버 모티브

**만드는 동시에 연결할 모티브
(1) 가로로 잇기**

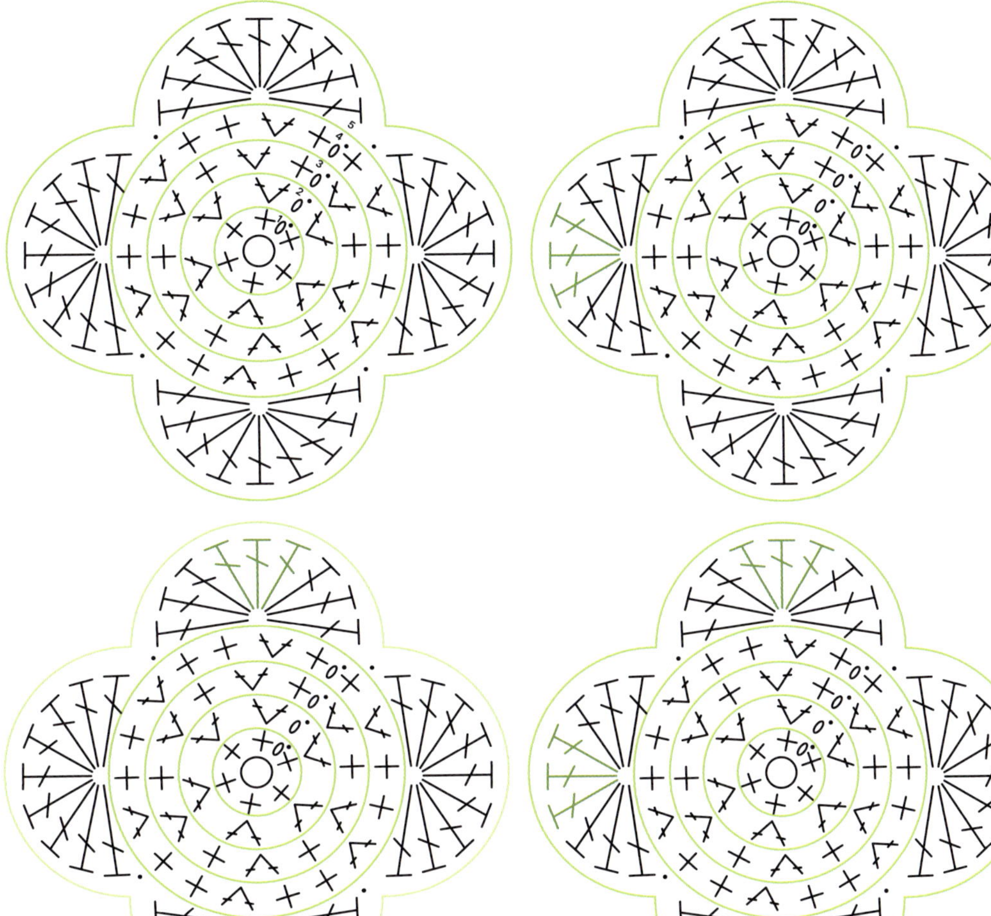

**만드는 동시에 연결할 모티브
(2) 세로로 잇기**

**만드는 동시에 연결할 모티브
(3) 가로와 세로로 잇기**

연결하기

1 '클로버 모티브' 5단에서 한길 긴 9 코 늘려뜨기 중 3개의 한길 긴뜨기 를 먼저 뜹니다.

2 다음 한길 긴뜨기는 코바늘에 실이 2가닥 걸린 상태인 미완성 한길 긴 뜨기로 만듭니다.

3 완성한 다른 모티브를 가져와 2의 모티브와 서로 안면이 마주 보도록 합니다. 미완성 한길 긴뜨기 상태의 코바 늘을 연결할 모티브의 코 뒤쪽 한 가닥에 넣습니다.

4 실을 걸어 코바늘에 걸린 3가닥의 실을 한꺼번에 빼뜨기합니다.

5 2~4를 총 세 번 반복해 두 모티브를 연결합니다.

6 남은 3개의 한길 긴뜨기를 뜨고, 2 코를 건너뛰고 다음 코에 빼뜨기하 면 모티브 연결이 완료됩니다. 도안을 보 고 총 28개의 클로버를 연결합니다.

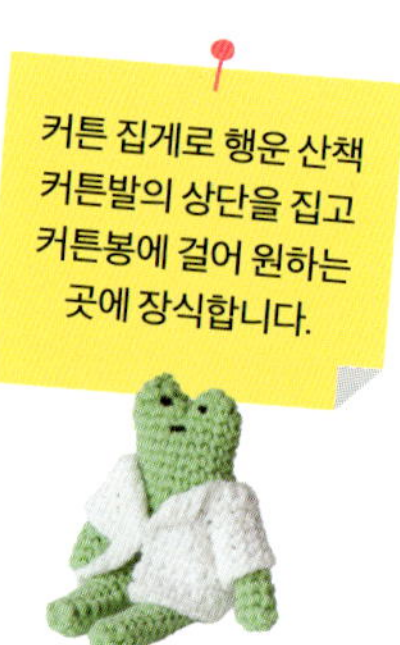

행운 산책 러그

Photo

Object

- ☐ 실: 알리제 벨루토 11호 라임 1볼(100g), 62호 아이보리 1볼(100g)
- ☐ 도구: 6.0mm 코바늘
- ☐ 크기: 가로 60, 세로 45cm

만드는 법

클로버 모티브

'행운 산책 커튼발'의 클로버 모티브와 동일하게 만듭니다.

연결하기

'행운 산책 커튼발'과 같은 방법으로 모티브를 연결합니다.
아래의 모티브 연결 순서를 참고해 완성합니다.

모티브 연결 순서

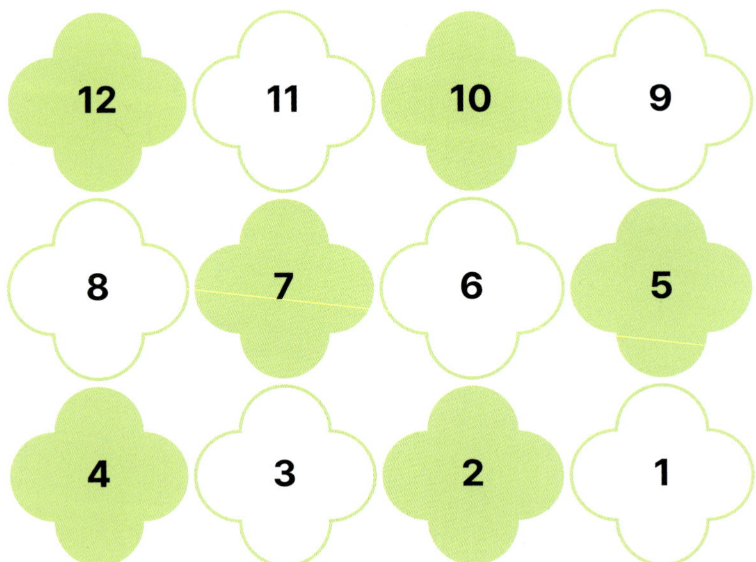

Project :

006

말랑화 실험

Making Story

'말랑화 실험'은 우리 주위의 딱딱한 물건들을
말랑한 뜨개 작품으로 바꾸는 저만의 프로젝트랍니다.

말랑화는 제가 멋대로 만든 말입니다. 쓰고 보니 조금 뻔뻔하네요!

세상 모든 것을 말랑하게 만들 때까지 임금손의 말랑화 실험은 계속됩니다.

다음에는 또 어떤 물건을 말랑하게 만들어 볼까요?

006

Squishy

Crochet No.1	# 말랑 돼지 저금통

Making Story

어릴적 집에 하나쯤은 꼭 있었던 돼지 저금통 기억나시나요?

말랑하게 만든 돼지 저금통에는 동전을 넣을 때마다 땡그랑 소리 대신 폭신함만 가득해요.

자주 보이는 곳에 올려두면 돈이 들어올 것만 같은 든든함도 덤입니다.

Photo

How to Make

뜨는 방법

☐ 돼지 저금통의 코부터 엉덩이까지 한 번에 만듭니다.

☐ 동전 구멍은 사슬로 만듭니다.

☐ 돼지 저금통의 귀와 꼬리는 따로 만들어 돗바늘로 연결합니다.

Object

☐ 실: 앵콜스 롤리코튼 17호(버터) 1g, 32호(라이트피치) 11g, 79호(블랙) 1g

☐ 도구: 3.5mm 코바늘, 돗바늘, 솜

☐ 크기: 가로 6, 세로 9, 높이 6cm

만드는 법

동전

기초단: 매직링

1단: 기둥 사슬 2 • 긴뜨기 9 • 빼뜨기 (총 10코)

매직링을 조이고 실을 잘라 마무리합니다.

원하는 만큼 동전을 만듭니다.

동전

돼지 저금통

기초단: 사슬 3

1단: 기둥 사슬 1 • (사슬의 반코에) 짧은 3코 늘려뜨기 1 • 짧은뜨기 1 • 짧은 3코 늘려뜨기 1 •

(사슬의 남은 반코와 코산에) 짧은뜨기 1 • 빼뜨기 (총 8코)

2단: 모든 코를 뒤반코뜨기로 뜹니다.

기둥 사슬 1 • 짧은뜨기 8 • 빼뜨기 (총 8코)

3단: 모든 코를 앞반코뜨기로 뜹니다.

기둥 사슬 1 • [짧은 2코 늘려뜨기 3 • 짧은뜨기 1] × 2 • 빼뜨기 (총 14코)

4단: 기둥 사슬 1 • [짧은뜨기 1 • 짧은 2코 늘려뜨기 1] × 3 • 짧은뜨기 1 • [짧은뜨기 1 •

짧은 2코 늘려뜨기 1] × 3 • 짧은뜨기 1 • 빼뜨기 (총 20코)

5단: 기둥 사슬 1 • [짧은뜨기 1 • 짧은 2코 늘려뜨기 1 • 짧은뜨기 1] × 3 • 짧은뜨기 1 •

[짧은뜨기 1 • 짧은 2코 늘려뜨기 1 • 짧은뜨기 1] × 3 • 짧은뜨기 1 • 빼뜨기 (총 26코)

6단: 기둥 사슬 1 • [짧은뜨기 3 • 짧은 2코 늘려뜨기 1 • 짧은뜨기 4 • 짧은 2코 늘려뜨기 1 •

짧은뜨기 4] × 2 • 빼뜨기 (총 30코)

7단: 기둥 사슬 1 • 짧은뜨기 1 • 한길 긴 4코 구슬뜨기 1 • 짧은뜨기 25 •

한길 긴 4코 구슬뜨기 1 • 짧은뜨기 2 • 빼뜨기 (총 30코)

8~11단: 기둥 사슬 1 • 짧은뜨기 30 • 빼뜨기 (총 30코)

12단: 기둥 사슬 1 • 짧은뜨기 13 • 사슬 4 • (4코 건너뛰고 다음 코부터) 짧은뜨기 13 •

빼뜨기 (총 30코)

13단: 기둥 사슬 1 • 짧은뜨기 13 • (사슬의 코산에) 짧은뜨기 4 • 짧은뜨기 13 • 빼뜨기 (총 30코)

14단: 기둥 사슬 1 • 짧은뜨기 30 • 빼뜨기 (총 30코)

15단: 기둥 사슬 1 • 짧은뜨기 1 • 한길 긴 4코 구슬뜨기 1 • 짧은뜨기 25 •

한길 긴 4코 구슬뜨기 1 • 짧은뜨기 2 • 빼뜨기 (총 30코)

16단: 기둥 사슬 1 • [짧은뜨기 3 • 짧은 2코 모아뜨기 1 • 짧은뜨기 4 •

돼지 저금통

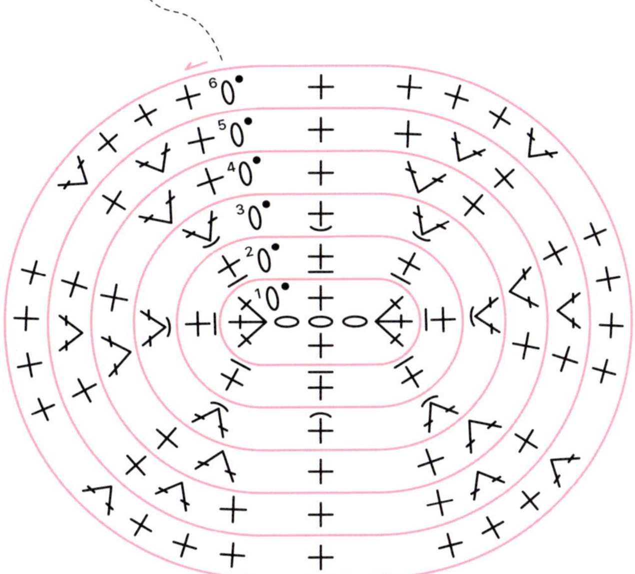

짧은 2코 모아뜨기 1 · 짧은뜨기 4] × 2 · 빼뜨기 (총 26코)

17단: 기둥 사슬 1 · [짧은뜨기 1 · 짧은 2코 모아뜨기 1 · 짧은뜨기 1] × 3 · 짧은뜨기 1 ·

[짧은뜨기 1 · 짧은 2코 모아뜨기 1 · 짧은뜨기 1] × 3 · 짧은뜨기 1 · 빼뜨기 (총 20코)

18단: 기둥 사슬 1 · [짧은뜨기 1 · 짧은 2코 모아뜨기 1] × 3 · 짧은뜨기 1 ·

[짧은뜨기 1 · 짧은 2코 모아뜨기 1] × 3 · 짧은뜨기 1 · 빼뜨기 (총 14코)

완성하기 전, 이 단계에서 솜을 채웁니다.

19단: 기둥 사슬 1 · 짧은 2코 모아뜨기 7 · 빼뜨기 (총 7코)

실을 자르고 돗바늘로 모든 코를 통과시킨 후 조입니다.

눈은 '돼지 저금통' 3~4단 사이에 검정색 실과 돗바늘로 매듭지어 표현합니다.

돼지 귀

기초단: 사슬 3

1단: 기둥 사슬 1 · 짧은뜨기 1 · 한길 긴 2코 늘려뜨기(사이에 사슬 1코) · 짧은뜨기 1 ·

사슬 1 · 빼뜨기

실을 약 40cm 남기고 잘라 마무리합니다.

돼지 귀는 총 2개를 만듭니다.

'돼지 저금통' 6~7단 사이에 꼬리실과 돗바늘로 연결합니다.

이때 귀의 사이 간격이 약 3코가 되도록 배치하면 귀엽습니다.

돼지 꼬리

기초단: 사슬 10

실을 약 20cm 남기고 잘라 마무리합니다.

한 번 묶은 후, '돼지 저금통' 18~19단에 꼬리실과 돗바늘로 연결합니다.

이때 양쪽 꼬리실을 모두 돼지 저금통에 고정하면

꼬리의 꼬아진 형태가 잘 보입니다.

돼지 귀

대왕 돼지 저금통

Making Story

더 굵은 실로 만들어 보세요! 실제 동전도 넣을 수 있는 넉넉한 크기의 돼지 저금통입니다.

Photo

Object

- ☐ 실: 알리제 벨루토 340호(베이비핑크) 50g, 13호(파스텔노랑) 5g
- ☐ 도구: 6.0mm 코바늘, 돗바늘, 솜, 5mm 나사 눈 2개
- ☐ 크기: 가로 10, 세로 17, 높이 10cm

Crochet No.2	# 말랑 주사위

Making Story

'딱딱한 주사위가 말랑해지면 어떨까?' 하는 생각에서 만든 말랑 주사위입니다.

오동통하고 귀여워서 스트레스 해소용 볼로도 좋습니다. 사각형으로 딱 떨어지는 것보다는

솜을 가득 채워 약간 둥근 모양으로 완성되는 것이 포인트입니다.

Photo

How to Make

뜨는 방법

- ☐ 1부터 6까지 각각의 면을 사각형의 편물로 만듭니다.
- ☐ 6개의 편물을 전개도 모양으로 먼저 연결하고,
  맞닿은 선을 연결하며 입체 편물로 만듭니다.
- ☐ 만나는 모서리들을 연결해서 틈이 없도록 마무리해 완성합니다.

Object

- ☐ 실: 앵콜스 롤리코튼
  A-00호(화이트) 5g, B-41호 (핫핑크) 15g
- ☐ 도구: 3.5mm 코바늘, 돗바늘, 솜
- ☐ 크기: 가로 6, 세로 6, 높이 6cm

만드는 법

1

기초단: (B실)사슬 7

1단: 기둥 사슬 1 • (사슬의 반코에) 짧은뜨기 7 (총 7코)

2단: 기둥 사슬 1 • 짧은뜨기 7 (총 7코)

3단: 기둥 사슬 1 • 짧은뜨기 7 (총 7코)

4단: 기둥 사슬 1 • 짧은뜨기 3 • (A실) 긴 3코 구슬뜨기 1 • (B실) 짧은뜨기 3 (총 7코)

5단: 기둥 사슬 1 • 짧은뜨기 7 (총 7코)

6단: 기둥 사슬 1 • 짧은뜨기 7 (총 7코)

7단: 기둥 사슬 1 • 짧은뜨기 7 (총 7코)

8단: 기둥 사슬 1 • 짧은 2코 늘려뜨기 1 • 짧은뜨기 5 • 짧은 2코 늘려뜨기 1,

(편물의 왼쪽 변에) 짧은 2코 늘려뜨기 1 • 짧은뜨기 5 • 짧은 2코 늘려뜨기 1,

(기초단 사슬의 반코와 코산에) 짧은 2코 늘려뜨기 1 • 짧은뜨기 5 • 짧은 2코 늘려뜨기 1,

(편물의 오른쪽 변에) 짧은 2코 늘려뜨기 1 • 짧은뜨기 5 • 짧은 2코 늘려뜨기 1 • 빼뜨기 (총 36코)

실을 잘라 마무리합니다.

2

기초단: (B실) 사슬 7

1단: 기둥 사슬 1 • (사슬의 반코에) 짧은뜨기 7 (총 7코)

2단: 기둥 사슬 1 • 짧은뜨기 1 • (A실) 긴 3코 구슬뜨기 1 • (B실) 짧은뜨기 5 (총 7코)

3단: 기둥 사슬 1 • 짧은뜨기 7 (총 7코)

4단: 기둥 사슬 1 • 짧은뜨기 7 (총 7코)

5단: 기둥 사슬 1 • 짧은뜨기 7 (총 7코)

6단: 기둥 사슬 1 • 짧은뜨기 5 • (A실) 긴 3코 구슬뜨기 1 • (B실) 짧은뜨기 1 (총 7코)

7단: 기둥 사슬 1 • 짧은뜨기 7 (총 7코)

8단: 기둥 사슬 1 • 짧은 2코 늘려뜨기 1 • 짧은뜨기 5 • 짧은 2코 늘려뜨기 1,

(편물의 왼쪽 변에) 짧은 2코 늘려뜨기 1 • 짧은뜨기 5 • 짧은 2코 늘려뜨기 1,

(기초단 사슬의 반코와 코산에) 짧은 2코 늘려뜨기 1 • 짧은뜨기 5 • 짧은 2코 늘려뜨기 1,

(편물의 오른쪽 변에) 짧은 2코 늘려뜨기 1 • 짧은뜨기 5 • 짧은 2코 늘려뜨기 1 • 빼뜨기 (총 36코)

실을 잘라 마무리합니다.

말랑 주사위

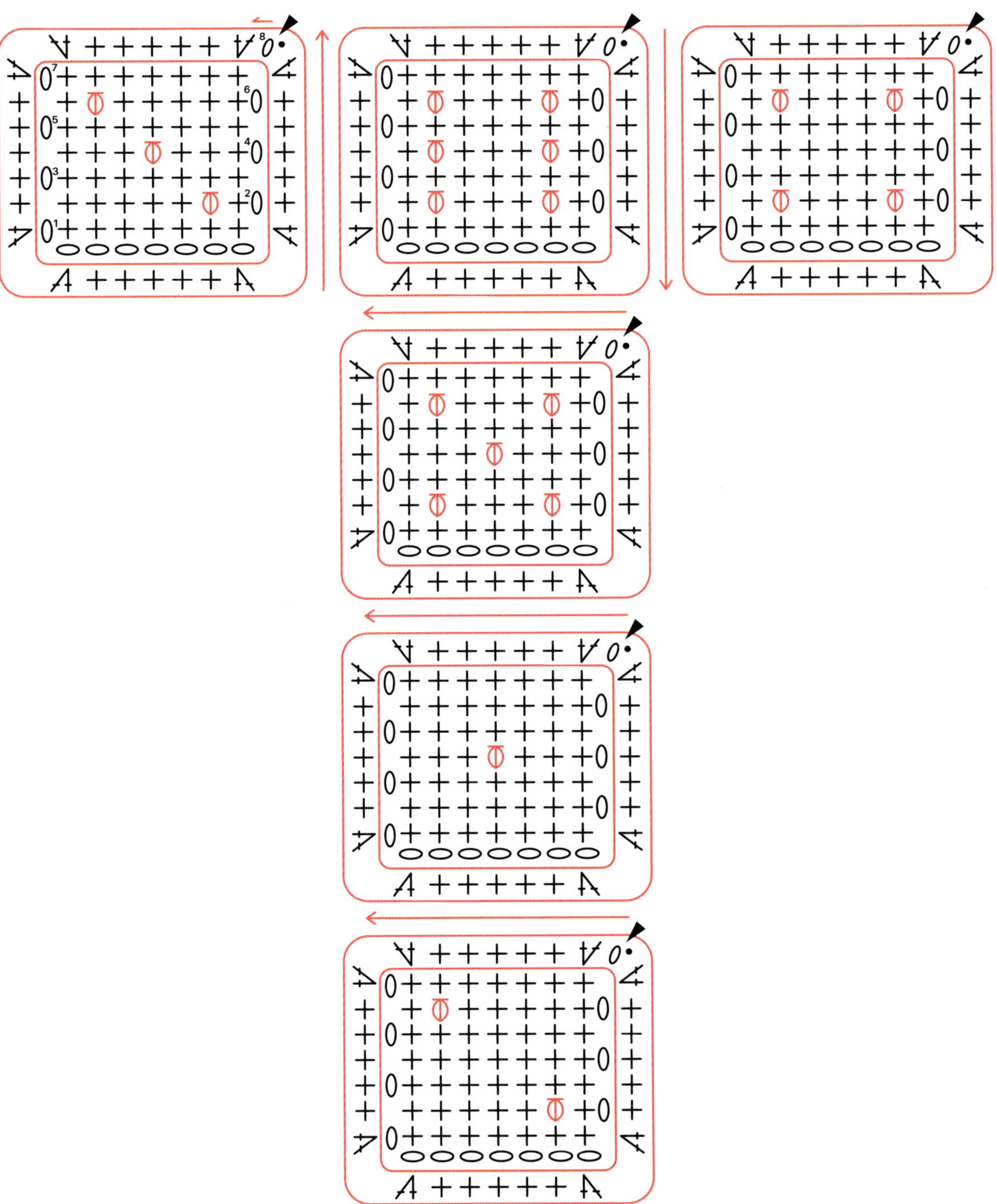

3

기초단: (B실) 사슬 7

1단: 기둥 사슬 1 · (사슬의 반코에) 짧은뜨기 7 (총 7코)

2단: 기둥 사슬 1 · 짧은뜨기 1 · (A실) 긴 3코 구슬뜨기 1 · (B실) 짧은뜨기 5 (총 7코)

3단: 기둥 사슬 1 · 짧은뜨기 7 (총 7코)

4단: 기둥 사슬 1 · 짧은뜨기 3 · (A실) 긴 3코 구슬뜨기 1 · (B실) 짧은뜨기 3 (총 7코)

5단: 기둥 사슬 1 · 짧은뜨기 7 (총 7코)

6단: 기둥 사슬 1 · 짧은뜨기 5 · (A실) 긴 3코 구슬뜨기 1 · (B실) 짧은뜨기 1 (총 7코)

7단: 기둥 사슬 1 · 짧은뜨기 7 (총 7코)

8단: 기둥 사슬 1 · 짧은 2코 늘려뜨기 1 · 짧은뜨기 5 · 짧은 2코 늘려뜨기 1,

(편물의 왼쪽 변에) 짧은 2코 늘려뜨기 1 · 짧은뜨기 5 · 짧은 2코 늘려뜨기 1,

(기초단 사슬의 반코와 코산에) 짧은 2코 늘려뜨기 1 · 짧은뜨기 5 · 짧은 2코 늘려뜨기 1,

(편물의 오른쪽 변에) 짧은 2코 늘려뜨기 1 · 짧은뜨기 5 · 짧은 2코 늘려뜨기 1 · 빼뜨기 (총 36코)

실을 잘라 마무리합니다.

4

기초단: (B실) 사슬 7

1단: 기둥 사슬 1 · (사슬의 반코에) 짧은뜨기 7 (총 7코)

2단: 기둥 사슬 1 · 짧은뜨기 1 · (A실) 긴 3코 구슬뜨기 1 · (B실) 짧은뜨기 3 · (A실) 긴 3코 구슬뜨기 1 · (B실) 짧은뜨기 1 (총 7코)

3단: 기둥 사슬 1 · 짧은뜨기 7 (총 7코)

4단: 기둥 사슬 1 · 짧은뜨기 7 (총 7코)

5단: 기둥 사슬 1 · 짧은뜨기 7 (총 7코)

6단: 기둥 사슬 1 · 짧은뜨기 1 · (A실) 긴 3코 구슬뜨기 1 · (B실) 짧은뜨기 3 · (A실) 긴 3코 구슬뜨기 1 · (B실) 짧은뜨기 1 (총 7코)

7단: 기둥 사슬 1 · 짧은뜨기 7 (총 7코)

8단: 기둥 사슬 1 · 짧은 2코 늘려뜨기 1 · 짧은뜨기 5 · 짧은 2코 늘려뜨기 1,

(편물의 왼쪽 변에) 짧은 2코 늘려뜨기 1 · 짧은뜨기 5 · 짧은 2코 늘려뜨기 1,

(기초단 사슬의 반코와 코산에) 짧은 2코 늘려뜨기 1 · 짧은뜨기 5 · 짧은 2코 늘려뜨기 1,

(편물의 오른쪽 변에) 짧은 2코 늘려뜨기 1 · 짧은뜨기 5 · 짧은 2코 늘려뜨기 1 · 빼뜨기 (총 36코)

실을 잘라 마무리합니다.

5

기초단: (B실) 사슬 7

1단: 기둥 사슬 1 · (사슬의 반코에) 짧은뜨기 7 (총 7코)

2단: 기둥 사슬 1 · 짧은뜨기 1 · (A실) 긴 3코 구슬뜨기 1 · (B실) 짧은뜨기 3 · (A실) 긴 3코 구슬뜨기 1 · (B실) 짧은뜨기 1 (총 7코)

3단: 기둥 사슬 1 · 짧은뜨기 7 (총 7코)

4단: 기둥 사슬 1 · 짧은뜨기 3 · (A실) 긴 3코 구슬뜨기 1 · (B실) 짧은뜨기 3 (총 7코)

5단: 기둥 사슬 1 · 짧은뜨기 7 (총 7코)

6단: 기둥 사슬 1 · 짧은뜨기 1 · (A실) 긴 3코 구슬뜨기 1 · (B실) 짧은뜨기 3 · (A실) 긴 3코 구슬뜨기 1 · (B실) 짧은뜨기 1 (총 7코)

7단: 기둥 사슬 1 · 짧은뜨기 7 (총 7코)

8단: 기둥 사슬 1 · 짧은 2코 늘려뜨기 1 · 짧은뜨기 5 · 짧은 2코 늘려뜨기 1,

(편물의 왼쪽 변에) 짧은 2코 늘려뜨기 1 · 짧은뜨기 5 · 짧은 2코 늘려뜨기 1,

(기초단 사슬의 반코와 코산에) 짧은 2코 늘려뜨기 1 · 짧은뜨기 5 · 짧은 2코 늘려뜨기 1,

(편물의 오른쪽 변에) 짧은 2코 늘려뜨기 1 · 짧은뜨기 5 · 짧은 2코 늘려뜨기 1 · 빼뜨기 (총 36코)

실을 잘라 마무리합니다.

6

기초단: (B실) 사슬 7

1단: 기둥 사슬 1 · (사슬의 반코에) 짧은뜨기 7 (총 7코)

2단: 기둥 사슬 1 · 짧은뜨기 1 · (A실) 긴 3코 구슬뜨기 1 · (B실) 짧은뜨기 3 · (A실) 긴 3코 구슬뜨기 1 · (B실) 짧은뜨기 1 (총 7코)

3단: 기둥 사슬 1 · 짧은뜨기 7 (총 7코)

4단: 기둥 사슬 1 · 짧은뜨기 1 · (A실) 긴 3코 구슬뜨기 1 · (B실) 짧은뜨기 3 · (A실) 긴 3코 구슬뜨기 1 · (B실) 짧은뜨기 1 (총 7코)

5단: 기둥 사슬 1 · 짧은뜨기 7 (총 7코)

6단: 기둥 사슬 1 · 짧은뜨기 1 · (A실) 긴 3코 구슬뜨기 1 · (B실) 짧은뜨기 3 · (A실) 긴 3코 구슬뜨기 1 · (B실) 짧은뜨기 1 (총 7코)

7단: 기둥 사슬 1 · 짧은뜨기 7 (총 7코)

8단: 기둥 사슬 1 · 짧은 2코 늘려뜨기 1 · 짧은뜨기 5 · 짧은 2코 늘려뜨기 1,

(편물의 왼쪽 변에) 짧은 2코 늘려뜨기 1 · 짧은뜨기 5 · 짧은 2코 늘려뜨기 1,

(기초단 사슬의 반코와 코산에) 짧은 2코 늘려뜨기 1 · 짧은뜨기 5 · 짧은 2코 늘려뜨기 1,

(편물의 오른쪽 변에) 짧은 2코 늘려뜨기 1 · 짧은뜨기 5 · 짧은 2코 늘려뜨기 1 · 빼뜨기 (총 36코)

실을 잘라 마무리합니다.

연결하기

1 완성한 1~6 편물을 사진과 같이 둡니다.

2 편물끼리 맞닿은 9코를 돗바늘 감침질로 연결합니다.

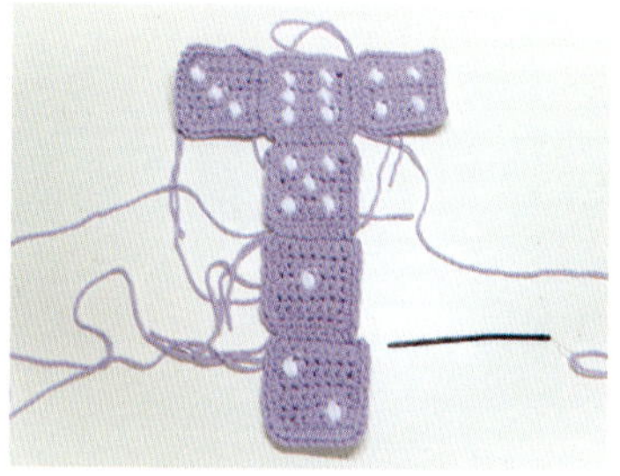

3 1~6 편물들을 사진과 같이 연결합니다.

4 주사위를 입체적으로 접으며 맞닿은 9코를 돗바늘 감침질로 연결합니다.

5 꼭짓점 부분은 마주치는 모든 코를 돗바늘로 통과시켜 조입니다. 완성하기 전에 솜을 채우고 마지막 꼭짓점까지 조여 마무리합니다.

Crochet No.3	# 말랑 단추 북 파우치
Making Story	딱딱한 단추를 말랑하게 만들었습니다. 단추가 들어 있는 모티브를 이어 북 파우치로 만들어 보았습니다. 조금씩 남은 자투리 실로 만들기도 좋습니다. 매일 가지고 다니는 다이어리 파우치로 만들거나, 여러 장의 모티브를 만들어 원하는 크기의 북 파우치로 만들어 보세요.

앞면   뒷면

Photo

모티브 1: A-쎄비 로미오 14호(귤색), B-앵콜스 퍼지퍼지 09호(슈크림)

모티브 2: A-쎄비 로미오 18호(라이트 살몬), B-앵콜스 롤리코튼 00호(화이트)

모티브 3: A-쎄비 로미오 30호(주황빛빨강), B-앵콜스 퍼지퍼지 16호(파스텔민트)

모티브 4: A-앵콜스 롤리코튼 00호(화이트), B-앵콜스 롤리코튼 65호(민트)

모티브 5: A-쎄비 로미오 36호(물색), B-앵콜스 퍼지퍼지 11호(소프트핑크)

모티브 6: A-쎄비 로미오 54호(연보라색), B-앵콜스 롤리코튼 67호(샤인머스캣)

모티브 7: A-쎄비 로미오 60호(카라멜), B-앵콜스 퍼지퍼지 18호(파스텔 그린티)

모티브 8: B-쎄비 로미오 36호(물색)

모티브 9: A-쎄비 로미오 45호(연한 민트색), B-앵콜스 퍼지퍼지 09호(슈크림)

모티브 10: A-앵콜스 롤리코튼 67호(샤인머스캣), B-쎄비 로미오 30호(주황빛빨강)

모티브 11: A-쎄비 로미오 4호(아이보리), B-앵콜스 퍼지퍼지 10호(누디)

모티브 12: A-쎄비 로미오 9호(연노랑), B-쎄비 로미오 55호(라벤더)

How to Make	**뜨는 방법** ☐ 단추를 만들고 4단에서 실을 바꿔 사각형의 모티브를 완성합니다. 실을 바꿀 때는 코 뒤쪽의 한 가닥을 주워 뜹니다. ☐ 만든 모티브는 돗바늘을 이용해 연결합니다. ☐ 연결한 모티브의 바깥쪽 코들을 이용해 한길긴뜨기로 높이를 만들고, 다시 모티브와 연결합니다.
Object	☐ 실: 단추(A실) 2g씩, 모티브(B실) 3g씩, 북 파우치 옆면(C실) 쎄미 로미오 4호(이이보리) 5g ☐ 도구: 3.5mm 코바늘, 돗바늘, 30mm 단추 ☐ 크기: 가로 11, 세로 20cm

만드는 법

단추 모티브

기초단: (A실) 매직링

1단: 기둥 사슬 3 · 사슬 2 · [한길 긴뜨기 1 · 사슬 2] ×
3 · (3번째 기둥 사슬에) 빼뜨기 (총 12코)
매직링을 조입니다.

2단: 기둥 사슬 1 · [짧은뜨기 1 · (코 아래에서) 짧은뜨기 3] ×
4 · 빼뜨기 (총 16코)

3단: 기둥 사슬 1 · [(1단에) 겹긴뜨기 1 · (1단의 코 아래에)
겹긴뜨기 4] × 4 ·
빼뜨기 (총 20코)

4단: 모든 코를 코의 뒤쪽 한 가닥에서 주워 뜹니다.
(B실) 기둥 사슬 1 · [짧은뜨기 2 · 긴뜨기 1+한길 긴뜨기
2+긴뜨기 1 · 짧은뜨기 2] × 4 ·
빼뜨기 (총 32코)

5단: 기둥 사슬 1 · [짧은뜨기 3 · 짧은뜨기 1+한길 긴뜨기
1 · 한길 긴뜨기 1+짧은뜨기 1 ·
짧은뜨기 3] × 4 · 빼뜨기 (총 40코)
실을 잘라 마무리합니다.
단추 모티브는 총 11개 준비합니다.

민무늬 모티브(모티브 8)

기초단: (B실) 매직링

1단: 기둥 사슬 1 · 짧은뜨기 5 · 빼뜨기 (총 5코)
매직링을 조입니다.

2단: 기둥 사슬 1 · 짧은 2코 늘려뜨기 5 · 빼뜨기 (총 10코)

3단: 기둥 사슬 1 · [짧은뜨기 1 · 짧은 2코 늘려뜨기 1] ×
5 · 빼뜨기 (총 15코)

4단: 기둥 사슬 1 · [짧은뜨기 1 · 짧은 2코 늘려뜨기
1 · 짧은뜨기 1] × 5 · 빼뜨기 (총 20코)

5단: 기둥 사슬 1 · [짧은뜨기 2 · 긴뜨기 1+한길 긴뜨기
2+긴뜨기 1 · 짧은뜨기 2] × 4 ·
빼뜨기 (총 32코)

6단: 기둥 사슬 1 · [짧은뜨기 3 · 짧은뜨기 1+한길 긴뜨기
1 · 한길 긴뜨기 1+짧은뜨기 1 ·
짧은뜨기 3] × 4 · 빼뜨기 (총 40코)
실을 잘라 마무리합니다.

민무늬 모티브의 중앙에 단추를 답니다.
민무늬 모티브는 뒷면에서 왼쪽 가운데 모티브가 되도록
연결합니다.

말랑 단추 북 파우치

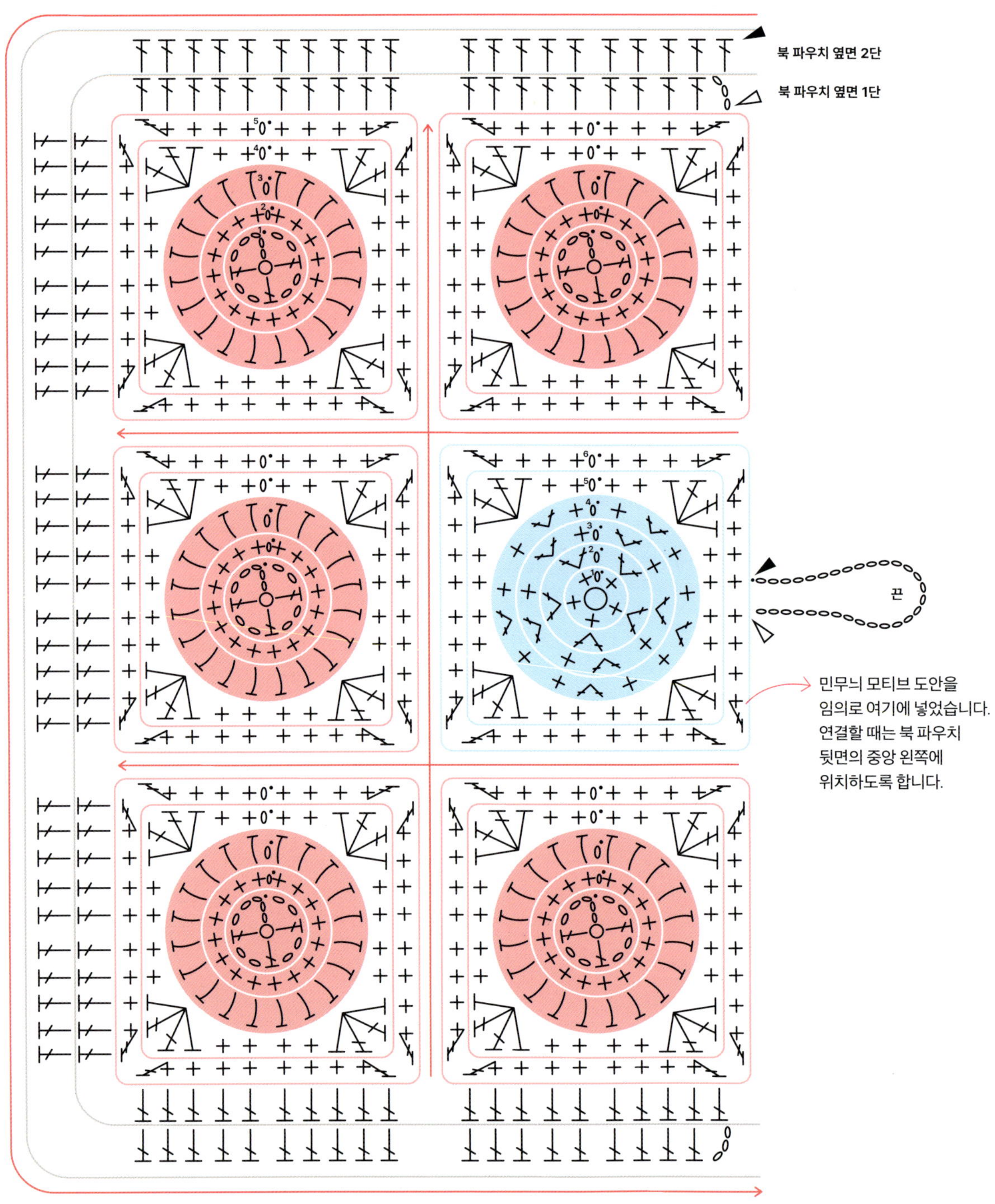
북 파우치 옆면 2단
북 파우치 옆면 1단
끈
민무늬 모티브 도안을
임의로 여기에 넣었습니다.
연결할 때는 북 파우치
뒷면의 중앙 왼쪽에
위치하도록 합니다.

연결하기

1 사진처럼 연결할 2개의 모티브를 뒷면끼리 마주 보도록 합니다. 위에 있는 모티브의 뒤반코 2코를 실을 꿴 돗바늘로 통과시킵니다.

2 아래에 있는 모티브의 뒤반코 2코를 돗바늘로 통과시킵니다. 같은 방식으로 모든 코를 잇습니다.

3 실을 잡아 당깁니다. 2개의 모티브가 이어졌습니다. 남은 실은 북 파우치 옆면을 뜰 때 함께 잡고 뜹니다.

4 동일한 방법으로 모티브를 이어 6개의 모티브가 이어진 2개의 편물을 만듭니다.

북 파우치 옆면

앞면 편물의 오른쪽 상단 코에 C실을 새로 가져와 시작합니다.

옆면 1단: 기둥 사슬 3 · 한길 긴뜨기 69 (총 70코)

옆면 2단: 기둥 사슬 3 · 한길 긴뜨기 69 (총 70코)

옆면을 모두 뜬 후, 실을 연결할 곳(북 파우치 윗면+옆면+아랫면)의
약 3배 길이로 길게 잘라 마무리합니다.

돗바늘 감침질로 뒷면 편물과 연결합니다.

끈

완성된 북 파우치의 앞면 오른쪽 중앙 코에 실을 새로 가져와 시작합니다.

끈 1단: 사슬 30(단추에 잘 걸리는지 확인하며 조정합니다) · (북 파우치 다음 코에) 빼뜨기

실을 잘라 마무리합니다.

과일 단추 북파우치

Making Story

단추를 다양한 과일로 변신시켜봅시다.

Photo

Object

- ☐ 실:
  레몬: 쎄비 로미오 A-9호(연노랑), B-76호(사슴브라운)
  수박: 쎄비 로미오 A-50호(풀색), B-9호(연노랑)
  토마토: 쎄비 로미오 A-30호(주황빛빨강), B-앵콜스 롤리코튼 67호(샤인머스캣), D-쎄비 로미오 50호(풀색)
  블루베리: 쎄비 로미오 A-85호(멜란지 데님), B-4호(아이보리), D-38호(파랑)
  멜론: 쎄비 로미오 A-80호(네온 배추벌레), B-21호(베이비 핑크)
  귤: 쎄비 로미오 A-14호(귤색), B-80호(네온 배추벌레), D-47호(연두색)
  사과: 쎄비 로미오 A-30호(주황빛빨강), B-47호(연두색), C-76호(사슴브라운), D-50호(풀색)
  포도: 쎄비 로미오 A-55호(라벤더), B-45호(연한 민트색)
  복숭아: 쎄비 로미오 A-21호(베이비핑크), B-23호(진분홍), D-앵콜스 롤리코튼 67호(샤인머스캣)
  체리: 쎄비 로미오 A-27호(코랄핑크), B-90호(라일락), D-47호(연두색)
  딸기: 쎄비 로미오 A-30호(주황빛빨강), B-76호(사슴브라운), C-4호(아이보리), D-앵콜스 롤리코튼 67호(샤인머스캣)
  오렌지: 쎄비 로미오 A-4호(아이보리), B-14호(귤색), C-80호(네온 배추벌레)
  북파우치 옆면: 쎄비 로미오 E-4호(아이보리) 5g
- ☐ 도구: 3.5mm 코바늘, 돗바늘
- ☐ 크기: 가로 11, 세로 20cm

만드는 법

포도

'단추 모티브'와 동일하게 뜹니다.

토마토, 블루베리, 귤

'단추 모티브'와 동일하게 뜹니다.

 • 꼭지

기초단: (D실) 매직링

1단: [사슬 1 • 기둥 사슬 1 • 빼뜨기 • (매직링에) 빼뜨기] × 5

실을 자릅니다. 매직링을 조이고 꼬리실과 돗바늘로 모티브에 연결합니다.

수박, 멜론

'단추 모티브'와 동일하게 뜹니다.

 • 꼭지

 단추와 동일한 색으로 사진과 같이 수놓습니다.

사과

'단추 모티브'와 동일하게 뜹니다.

 • 꼭지

C실로 수놓습니다.

 • 잎

기초단: (D실) 사슬 3

1단: 기둥 사슬 1 • 빼뜨기 1 • 긴뜨기 1 • 빼뜨기 1

실을 자릅니다. 꼬리실과 돗바늘을 이용해 단추 모티브에 연결합니다.

복숭아

'단추 모티브'와 동일하게 뜹니다.

 • 잎

기초단: (D실) 매직링

1단: [사슬 3 • 기둥 사슬 1 • 빼뜨기 1 • 긴뜨기 1 • 빼뜨기 • (매직링에) 빼뜨기] × 2

실을 자릅니다. 매직링을 조이고 꼬리실과 돗바늘을 이용해 단추 모티브에 연결합니다.

체리

'단추 모티브'와 동일하게 뜹니다.

 • 꼭지

D실로 사진과 같이 수놓습니다.

토마토, 블루베리, 귤 꼭지

사과 잎

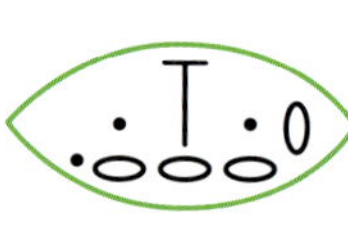

복숭아 잎

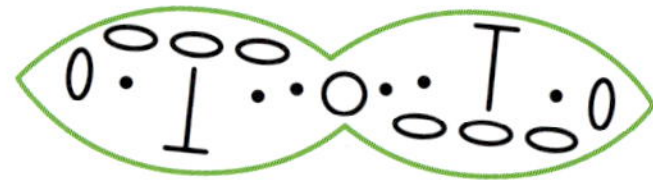

딸기

'단추 모티브'와 동일하게 뜹니다.

· 꼭지

기초단: (D실) 매직링

1단: [사슬 1 · 기둥 사슬 1 · 빼뜨기 · (매직링에) 빼뜨기] × 4

실을 자릅니다. 매직링을 조이고 꼬리실과 돗바늘을 이용해 단추 모티브에 연결합니다.

흰색 실로 딸기 씨를 수놓습니다.

레몬

기초단: (A실) 매직링

1단: 기둥 사슬 3 · 사슬 2 · [한길 긴뜨기 1 · 사슬 2] × 3 · (3번째 기둥 사슬에) 빼뜨기 (총 12코)

매직링을 조입니다.

2단: 기둥 사슬 1 · [짧은뜨기 1 · (코 아래에서) 짧은뜨기 3] × 4 · 빼뜨기 (총 16코)

3단: 기둥 사슬 1 · [(1단에) 겹긴뜨기 1 · (1단의 코 아래에) 겹긴뜨기 4 · 사슬 3 · (첫 번째 사슬에) 빼뜨기 ·

(1단에) 겹긴뜨기 1 · (1단의 코 아래에) 겹긴뜨기 4] × 2 · 빼뜨기 (총 26코)

4단: 모든 코를 코의 뒤쪽 한 가닥에서 주워 뜹니다.

(B실) 기둥 사슬 1 · [짧은뜨기 2 · 긴뜨기 1+한길 긴뜨기 2+긴뜨기 1 · 짧은뜨기 2] × 4 · 빼뜨기 (총 32코)

5단: 기둥 사슬 1 · [짧은뜨기 3 · 짧은뜨기 1+한길 긴뜨기 1 · 한길 긴뜨기 1+짧은뜨기 1 · 짧은뜨기 3] × 4 · 빼뜨기 (총 40코)

실을 잘라 마무리합니다.

레몬 모티브

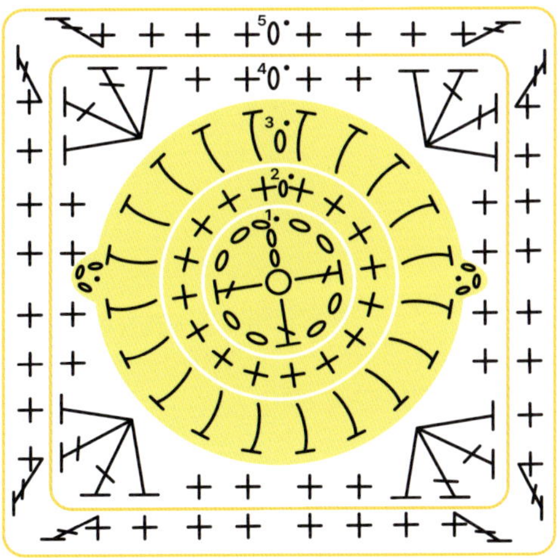

오렌지

기초단: (A실) 매직링

1단: 기둥 사슬 3 • 사슬 2 • [한길 긴뜨기 1 • 사슬 2] × 3 • (3번째 기둥 사슬에) 빼뜨기 (총 12코)

매직링을 조입니다.

2단: 기둥 사슬 1 • [짧은뜨기 1 • (코 아래에서) 짧은뜨기 3] × 4 • 빼뜨기 (총 16코)

3단: (B실) 기둥 사슬 1 • [(1단에) 겹긴뜨기 1 • (1단의 코 아래에) 겹긴뜨기 4] × 4 • 빼뜨기 (총 20코)

4단: 모든 코를 코의 뒤쪽 한 가닥에서 주워 뜹니다.

(C실) 기둥 사슬 1 • [짧은뜨기 2 • 긴뜨기 1+한길 긴뜨기 2+긴뜨기 1 • 짧은뜨기 2] × 4 • 빼뜨기 (총 32코)

5단: 기둥 사슬 1 • [짧은뜨기 3 • 짧은뜨기 1+한길 긴뜨기 1 • 한길 긴뜨기 1+짧은뜨기 1 • 짧은뜨기 3] × 4 • 빼뜨기 (총 40코)

실을 잘라 마무리합니다.

오렌지 모티브

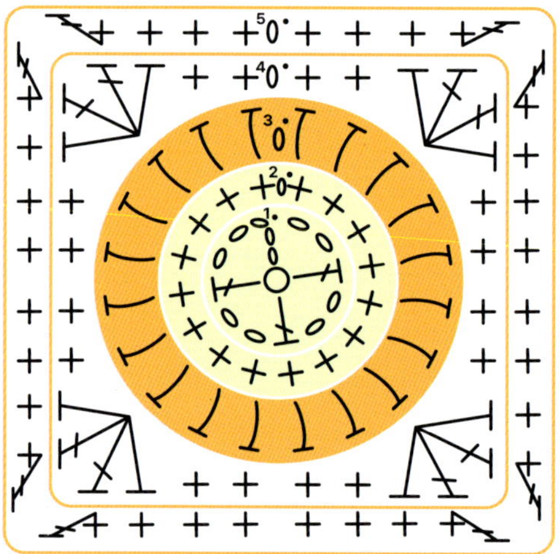

북 파우치 옆면

140p의 '북 파우치 옆면'과 동일하게 진행하되, C실 대신 E실을 사용합니다.

Crochet No.4	# 말랑 지구본

Making Story

지구본을 돌리며 가고 싶은 나라를 고르던 어린 시절의 기억을 살려 만든 '말랑 지구본'입니다.
도안을 보며 차근차근 배색하다 보면 우리나라도, 지구 반대편 나라들도 보인답니다.

Photo

How to Make

뜨는 방법

- ☐ 원형뜨기로 시작해 입체적인 모양을 만들어 나갑니다.
- ☐ 배색에 유의해 만듭니다.

Object

- ☐ 실: 앵콜스 롤리코튼
     A-58호(블루) 6g, B-67호(샤인머스캣) 2g
- ☐ 도구: 3.5mm 코바늘, 돗바늘, 솜, 공예용 철사(2mm)
- ☐ 크기: 지름 6cm

만드는 법

지구본

색은 그림 도안을 참고해서 만듭니다.

기초단: 매직링

1단: 기둥 사슬 1 · 짧은뜨기 6 · 빼뜨기 (총 6코)

구멍을 일부 남기고 매직링을 조입니다.

2단: 기둥 사슬 1 · 짧은 2코 늘려뜨기 6 · 빼뜨기 (총 12코)

3단: 기둥 사슬 1 · [짧은뜨기 1 · 짧은 2코 늘려뜨기 1] × 6 · 빼뜨기 (총 18코)

4단: 기둥 사슬 1 · [짧은뜨기 1 · 짧은 2코 늘려뜨기 1 · 짧은뜨기 1] × 6 · 빼뜨기 (총 24코)

5단: 기둥 사슬 1 · 짧은뜨기 24 · 빼뜨기 (총 24코)

6단: 기둥 사슬 1 · [짧은뜨기 3 · 짧은 2코 늘려뜨기 1] × 6 · 빼뜨기 (총 30코)

7단: 기둥 사슬 1 · 짧은뜨기 30 · 빼뜨기 (총 30코)

8단: 기둥 사슬 1 · 짧은뜨기 30 · 빼뜨기 (총 30코)

9단: 기둥 사슬 1 · 짧은뜨기 30 · 빼뜨기 (총 30코)

10단: 기둥 사슬 1 · [짧은뜨기 3 · 짧은 2코 모아뜨기 1] × 6 · 빼뜨기 (총 24코)

11단: 기둥 사슬 1 · 짧은뜨기 24 · 빼뜨기 (총 24코)

12단: 기둥 사슬 1 · [짧은뜨기 1 · 짧은 2코 모아뜨기 1 · 짧은뜨기 1] × 6 · 빼뜨기 (총 18코)

13단: 기둥 사슬 1 · [짧은뜨기 1 · 짧은 2코 모아뜨기 1] × 6 · 빼뜨기 (총 12코)

완성하기 전, 이 단계에서 솜을 채웁니다.

14단: 기둥 사슬 1 · 짧은 2코 모아뜨기 6 · 빼뜨기 (총 6코)

실을 자르고 돗바늘로 모든 코를 통과시킨 후 구멍을 일부 남기고 조입니다.

지구본 받침대

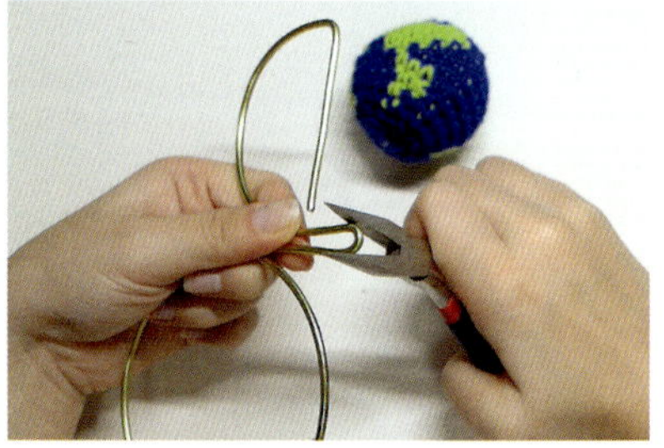

공예용 철사를 펜치로 사진과 같이 구부립니다.

가운데에 완성한 지구본을 끼웁니다.

지구본

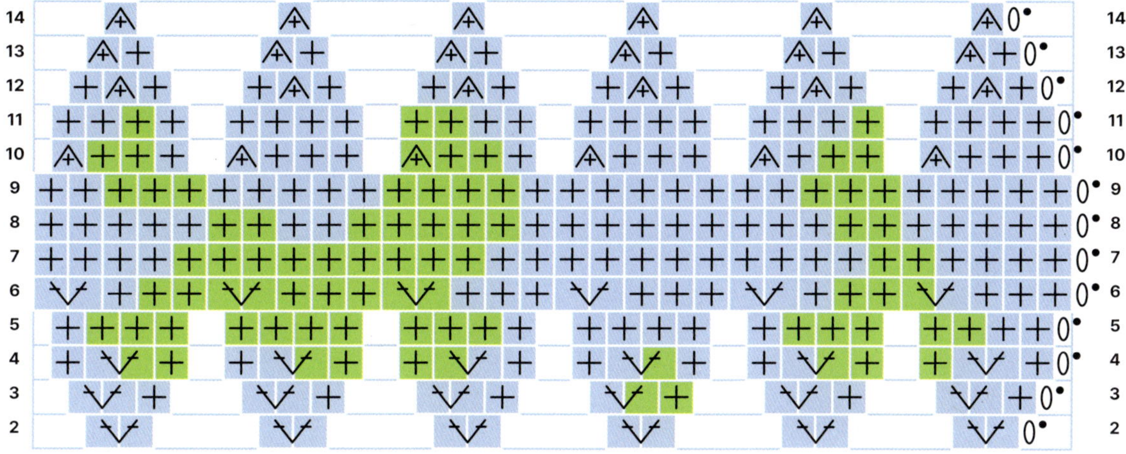

Project :

007

여름이었다

Making
Story

책 작업을 처음 시작할 때는 역대급으로 길고 무더운 여름이었습니다.
더위를 많이 타서 유독 힘들었던 시기였지만,
그래서 더 많은 영감이 떠오른 계절이기도 했어요.
'여름' 하면 떠오르는 것들은 많지만
제가 기억하는 지난 여름은 바로 이 작품들입니다.
보기만 해도 시원해지는 소품들을 준비했으니 함께 떠봐요!

| Crochet No.1 | # 선풍기 키링 |
</br>

| Making Story | 이제 선풍기 없는 여름은 상상도 할 수 없어요.
실제로 작동하지는 않지만 지니고 다니면 어디선가 바람이 솔솔 불어오는 듯한 기분이 듭니다.
가볍고 귀여워 어디든 들고 다닐 수 있는 뜨개 선풍기입니다. |

뜨는 방법

| How to Make | □ 선풍기 날개를 만들어 안전망 안쪽에 연결합니다.
  안전망끼리 연결해 선풍기 머리를 완성합니다.
□ 완성한 선풍기 날개와 안전망을 선풍기 본체의 3~4단에 연결합니다.
□ 선풍기 키링을 완성하기 전에 무게 추 역할을 할 500원 동전을 넣습니다. |

| Object | □ 실: 앵콜스 롤리코튼
  A-55호(아쿠아) 2g, B-00호(화이트) 18g,
□ 도구: 3.5mm 코바늘, 돗바늘, 솜, 500원 동전
□ 크기: 가로 7, 세로 7, 높이 11cm |

만드는 법

선풍기 날개

기초단: (A실) 매직링

1단: 기둥 사슬 1 · 짧은뜨기 6 · 빼뜨기 (총 6코)

매직링을 조입니다.

2단: 모든 코를 앞반코뜨기로 뜹니다.

기둥 사슬 1 · 짧은 2코 늘려뜨기 6 · 빼뜨기 (총 12코)

3단: 사슬 3 · 기둥 사슬 1 · (사슬의 코산에) 짧은뜨기 1 · 긴뜨기 1 · 한길 긴뜨기 1 · (2단의 첫 번째 코부터) 두길 긴뜨기 1 ·

두길 긴뜨기 1+한길 긴뜨기 1+사슬 2+빼뜨기 · 빼뜨기 3 · 사슬 3 · 기둥 사슬 1 · (사슬의 코산에) 짧은뜨기 1 ·

긴뜨기 1 · 한길 긴뜨기 1 · (2단의 다섯 번째 코부터) 두길 긴뜨기 1 · 두길 긴뜨기 1+한길 긴뜨기 1+사슬 2+빼뜨기 · 빼뜨기 3 ·

사슬 3 · 기둥 사슬 1 · (사슬의 코산에) 짧은뜨기 1 · 긴뜨기 1 · 한길 긴뜨기 1 ·

(2단의 아홉 번째 코부터) 두길 긴뜨기 1 · 두길 긴뜨기 1+한길 긴뜨기 1+사슬 2+빼뜨기 · 빼뜨기 2

실을 잘라 마무리합니다.

2-2단: 2단에서 남긴 뒤반코에 A실을 가져옵니다.

기둥 사슬 1 · 짧은뜨기 6 · 빼뜨기 (총 6코)

실을 약 50cm 남기고 잘라 마무리합니다.

안전망

기초단: (B실) 매직링

1단: 기둥 사슬 1 · 짧은뜨기 6 · 빼뜨기 (총 6코)

매직링을 조입니다.

2단: 기둥 사슬 6 · 사슬 3 · (첫 번째 코에) 다섯길 긴뜨기 1 · 사슬 3 · [다섯 길 긴 2코 늘려뜨기(사이에 사슬 3코) · 사슬 3] × 5 ·

(6번째 기둥 사슬에) 빼뜨기 (총 48코)

3단: 기둥 사슬 1 · [짧은뜨기 1 · (코 아래에서) 짧은뜨기 3] × 12 · 빼뜨기 (총 48코)

실을 잘라 마무리합니다.

1~3단을 반복해 총 2개의 안전망을 만듭니다. 이때 마지막 안전망은 실을 약 80cm 남기고 잘라 마무리합니다.

**선풍기 날개
기초단~3단**

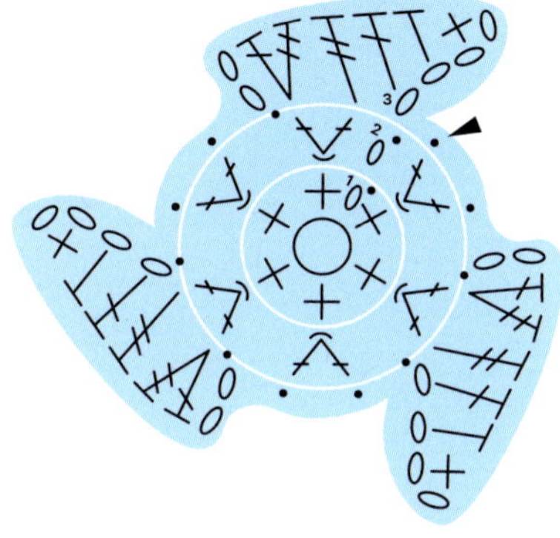

2-2단

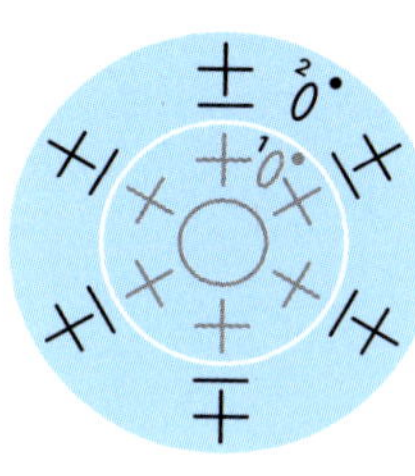

선풍기 안전망

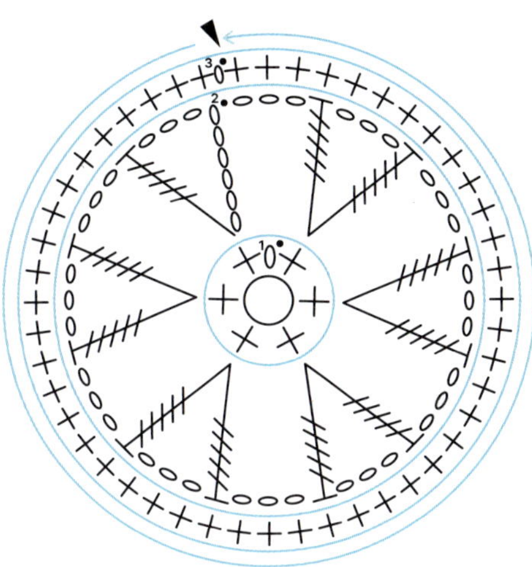

선풍기 날개와 안전망 연결하기

1 실을 길게 남겨둔 선풍기 날개 편물을 가져와 남긴 실을 돗바늘에 꿰니다. 돗바늘로 안전망 안면의 1단과

2 선풍기 날개의 2-2단을 연결합니다.

3 실을 길게 남긴 안전망을 가져와 안전망의 안면끼리 마주보도록 겹친 후, 3단을 돗바늘 감침질로 연결합니다.

4 선풍기 날개와 안전망이 연결된 모습.

선풍기 본체

기초단: (B실) 매직링

1단: 기둥 사슬 1 · 짧은뜨기 6 · 빼뜨기 (총 6코)

매직링을 조입니다.

2단: 기둥 사슬 1 · 짧은 2코 늘려뜨기 6 · 빼뜨기 (총 12코)

3~15단: 기둥 사슬 1 · 짧은뜨기 12 · 빼뜨기 (총 12코)

16단: 모든 코를 앞반코뜨기로 뜹니다.

기둥 사슬 1 · [짧은뜨기 1 · 짧은뜨기 1+긴뜨기 1+짧은뜨기 1 · 짧은뜨기 1] × 4 · 빼뜨기 (총 20코)

17단: 기둥 사슬 1 · [짧은뜨기 2 · 짧은뜨기 1+긴뜨기 1+짧은뜨기 1 · 짧은뜨기 2] × 4 · 빼뜨기 (총 28코)

18단: 기둥 사슬 1 · [짧은뜨기 3 · 짧은뜨기 1+긴뜨기 1+짧은뜨기 1 · 짧은뜨기 3] × 4 · 빼뜨기 (총 36코)

19단: 모든 코를 뒤반코뜨기로 뜹니다.

기둥 사슬 1 · 짧은뜨기 36 · 빼뜨기 (총 36코)

20단: 기둥 사슬 1 · 짧은뜨기 36 · 빼뜨기 (총 36코)

21단: 모든 코를 뒤반코뜨기로 뜹니다.

기둥 사슬 1 · [짧은뜨기 3 · '짧은뜨기 1+긴뜨기 1+짧은뜨기 1' 모아뜨기 · 짧은뜨기 3] × 4 · 빼뜨기 (총 28코)

22단: 기둥 사슬 1 · [짧은뜨기 2 · '짧은뜨기 1+긴뜨기 1+짧은뜨기 1' 모아뜨기 · 짧은뜨기 2] × 4 · 빼뜨기 (총 20코)

23단: 본체에 솜을 채우고 이 부분에 동전을 넣습니다.

기둥 사슬 1 · [짧은뜨기 1 · '짧은뜨기 1+긴뜨기 1+짧은뜨기 1' 모아뜨기 · 짧은뜨기 1] × 4 · 빼뜨기 (총 12코)

24단: 기둥 사슬 1 · 짧은 2코 모아뜨기 6 · 빼뜨기 (총 6코)

실을 자르고 돗바늘로 모든 코를 통과시킨 후 조입니다.

선풍기 본체와 안전망 연결하기

1 B실을 돗바늘에 꿰어 선풍기 본체 3~4단 부분을

2 선풍기 날개와 합친 안전망과 연결합니다.

선풍기 본체

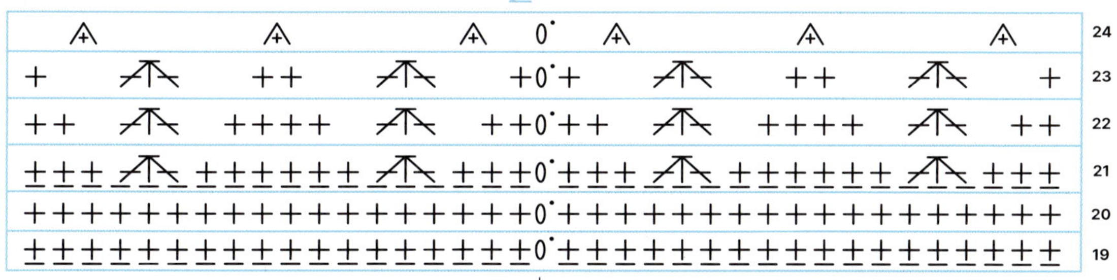

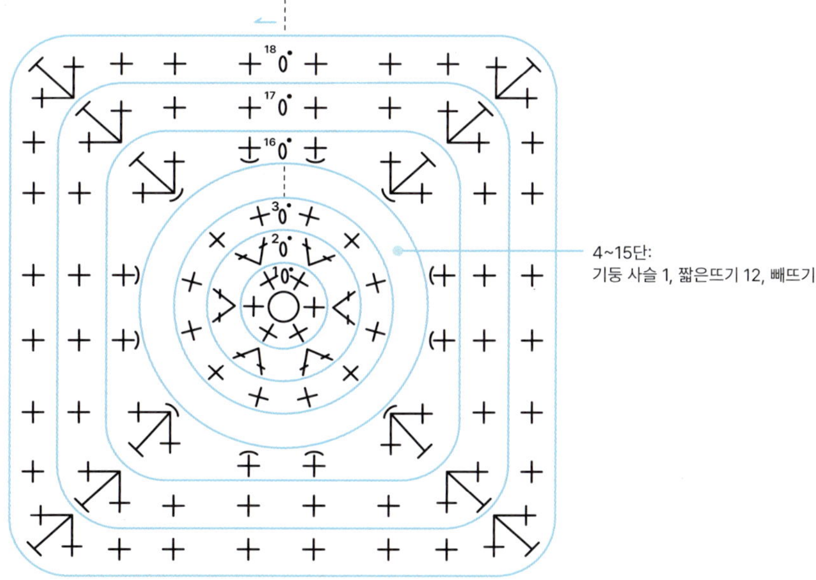

Crochet No.2	# 소프트콘 립 파우치
Making Story	여름이면 더 생각나는 아이스크림! 립밤이나 틴트를 넣고 다니기 좋은 립 파우치를 준비했습니다. 더운 여름날 가지고 다녀도 녹지 않는 아이스크림이니 세 가지 맛 중 원하는 맛으로 골라 만들어보세요.
Photo	
How to Make	**뜨는 방법** ☐ 콘부터 아이스크림까지 한 번에 만듭니다. ☐ 조임끈은 따로 만들어 아이스크림에 연결합니다.
Object	☐ 실: 쎄비 로미오 A-1호(흰색) 6g, B-60호(카라멜) 5g ☐ 도구: 3.5mm 코바늘, 돗바늘, 올풀림 방지액 ☐ 크기: 지름 4.5, 높이 10cm

만드는 법

콘

기초단: (B실) 매직링

1단: 기둥 사슬 1 • 짧은뜨기 6 • 빼뜨기 (총 6코)

매직링을 조입니다.

2단: 기둥 사슬 1 • 짧은 2코 늘려뜨기 6 • 빼뜨기 (총 12코)

3단: 모든 코를 뒤반코뜨기로 뜹니다.

기둥 사슬 1 • 짧은뜨기 12 • 빼뜨기 (총 12코)

4단: 기둥 사슬 1 • [짧은뜨기 3 • 짧은 2코 늘려뜨기 1] × 3 • 빼뜨기 (총 15코)

5단: 기둥 사슬 1 • 짧은뜨기 15 • 빼뜨기 (총 15코)

6단: 기둥 사슬 1 • [짧은뜨기 2 • 짧은 2코 늘려뜨기 1 • 짧은뜨기 2] × 3 • 빼뜨기 (총 18코)

7단: 기둥 사슬 1 • 짧은뜨기 18 • 빼뜨기 (총 18코)

8단: 모든 코를 앞반코뜨기로 뜹니다.

기둥 사슬 1 • [짧은뜨기 1 • 짧은 2코 늘려뜨기 1 • 짧은뜨기 1] × 6 • 빼뜨기 (총 24코)

9단: 모든 코를 뒤반코뜨기로 뜹니다.

기둥 사슬 1 • 짧은뜨기 24 • 빼뜨기 (총 24코)

10단: 기둥 사슬 1 • 짧은뜨기 24 • 빼뜨기 (총 24코)

아이스크림

콘에 A실을 이어서 뜹니다.

11단: 모든 코를 앞반코뜨기로 뜹니다.

기둥 사슬 2 • 긴뜨기 2 • 긴 2코 늘려뜨기 1 • [긴뜨기 3 • 긴 2코 늘려뜨기 1] × 5 • 빼뜨기 (총 30코)

12단: 기둥 사슬 2 • 긴뜨기 29 • 빼뜨기 (총 30코)

13단: 기둥 사슬 2 • 긴 2코 모아뜨기 1 • [긴뜨기 1 • 긴 2코 모아뜨기 1] × 9 • 빼뜨기 (총 20코)

14단: 모든 코를 앞반코뜨기로 뜹니다.

기둥 사슬 2 • 긴뜨기 1 • 긴 2코 늘려뜨기 1 • 긴뜨기 2 • [긴뜨기 2 • 긴 2코 늘려뜨기 1 • 긴뜨기 2] × 3 • 빼뜨기 (총24코)

15단: 기둥 사슬 2 • 긴뜨기 23 • 빼뜨기 (총 24코)

16단: 기둥 사슬 2 • 긴 2코 모아뜨기 1 • [긴뜨기 1 • 긴 2코 모아뜨기 1] × 7 • 빼뜨기 (총 16코)

17단: 모든 코를 앞반코뜨기로 뜹니다.

기둥 사슬 2 • 긴뜨기 2 • 긴 2코 늘려뜨기 1 • 긴뜨기 7 • 긴 2코 늘려뜨기 1 • 긴뜨기 4 • 빼뜨기 (총 18코)

18단: 기둥 사슬 1 • 짧은뜨기 1 • 사슬 2 • [(2코 건너뛰고 다음 코에) 짧은뜨기 1 • 사슬 2] ×5 • 빼뜨기 (총 18코)

실을 잘라 마무리합니다.

조임끈

기초단: (A실) 사슬 35

18단에 지그재그로 통과시키고 끝을 이어 마무리합니다.

아이스크림

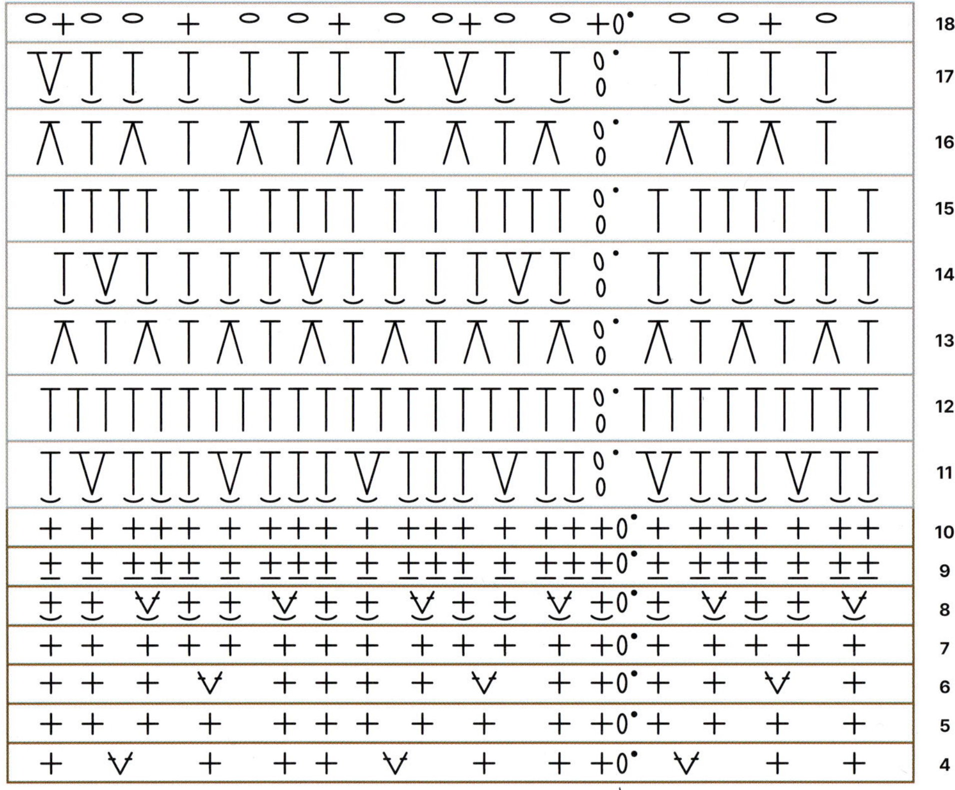

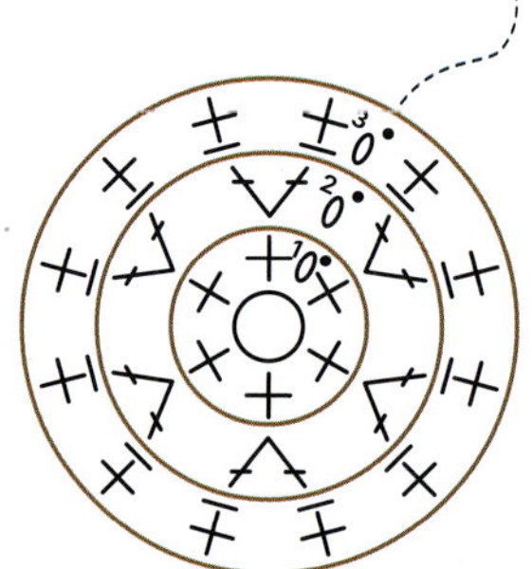

초코 소프트콘, 딸기 소프트콘

Making Story

'소프트콘 립 파우치'의 기초단부터 12단까지 동일하게 만듭니다.

C실로 바꿔서 '소프트콘 립 파우치'의 13~18단까지 동일하게 뜹니다.

조임끈은 C실로 만듭니다.

Photo

Object

- ☐ 실:
  초코 소프트콘: 쎄비 로미오 A-1호(흰색) 2g, B-60호(카라멜) 5g, C-7 6호(사슴브라운) 4g
  딸기 소프트콘: 쎄비 로미오 A-1호(흰색) 2g, B-60호(카라멜) 5g, C-19호(살몬) 4g
- ☐ 도구: 3.5mm 코바늘, 돗바늘, 올풀림 방지액
- ☐ 크기: 지름 4.5, 높이 10cm

Crochet No.3	# 능소화 키링
Making Story	여름날 골목을 지날 때마다 마주치는 능소화는 언제 지는지도 모르게 여름 내내 만발합니다. 능소화의 꽃말은 기다림이지요. 긴 낮과 찬란한 햇빛을 좋아한다면 능소화 키링을 만들며 여름을 기다려보는 건 어떨까요?
Photo	
How to Make	**뜨는 방법** ☐ 꽃받침부터 꽃잎까지 한 번에 만듭니다. ☐ 매듭을 지어 수술을 만듭니다.
Object	☐ 실: 앵콜스 롤리코튼 A-67호(샤인머스캣) 1g, B-20호(옐로) 1g, C-23호(귤) 6g ☐ 도구: 3.5mm 코바늘, 돗바늘 ☐ 크기: 지름 8, 높이 3cm

만드는 법

꽃받침

기초단: (A실) 매직링

1단: 기둥 사슬 1 • 짧은뜨기 4 • 빼뜨기 (총 4코)

매직링을 조입니다.

2단: 기둥 사슬 1 • [짧은뜨기 1 • 짧은 2코 늘려뜨기 1] × 2 • 빼뜨기 (총 6코)

3단: 기둥 사슬 1 • 짧은뜨기 6 • 빼뜨기 (총 6코)

꽃잎

꽃받침에 C실을 이어서 뜹니다.

4단: 기둥 사슬 1 • [짧은뜨기 1 • 짧은 2코 늘려뜨기 1 • 짧은뜨기 1] × 2 (총 8코)

5단: 기둥 사슬 1 • [짧은뜨기 3 • 짧은 2코 늘려뜨기 1] × 2 • 빼뜨기 (총 10코)

6단: 기둥 사슬 1 • [짧은뜨기 2 • 짧은 2코 늘려뜨기 1 • 짧은뜨기 2] × 2 • 빼뜨기 (총 12코)

7단: 기둥 사슬 1 • [짧은뜨기 1 • 짧은 2코 늘려뜨기 1] × 6 • 빼뜨기 (총 18코)

8단: 기둥 사슬 1 • [짧은뜨기 1 • 짧은 2코 늘려뜨기 1 • 짧은뜨기 1] × 6 (총 24코)

9단: 기둥 사슬 1 • [짧은뜨기 3 • 짧은 2코 늘려뜨기 1] × 6 • 빼뜨기 (총 30코)

10단: [기둥 사슬 3+두길 긴뜨기 1 • 세길 긴뜨기 4 • 두길 긴뜨기 1+사슬 3+빼뜨기] × 5 (총 40코)

실을 잘라 마무리합니다.

능소화 키링

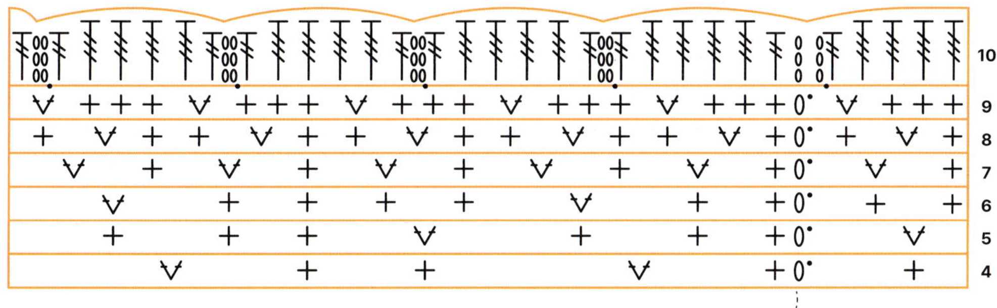

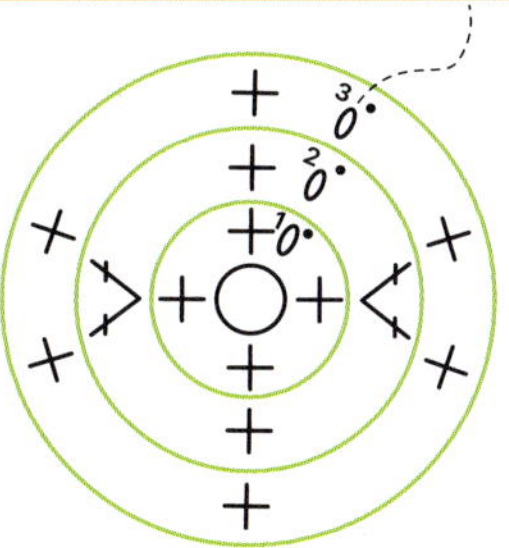

꽃술

1 B실을 10cm 길이로 2가닥 잘라 돗바늘에 꿰입니다.

2 꽃받침 1단의 안쪽에서 바깥쪽으로 통과시키고 다시 바깥쪽에서 안쪽으로 통과시킵니다.

3 2가닥이 반씩 접혀 총 4가닥의 B실이 능소화의 안쪽에 위치했습니다.

4 각 가닥의 끝을 매듭짓고 짧게 잘라 꽃술을 만듭니다.

5 꽃술이 모두 완성된 모습.

변형 실험

그러데이션 능소화

Making Story	'능소화 키링'의 기초단부터 동일하게 만들다가 8단이나 9단에서 D실로 바꿔서 뜹니다.
Photo	
Object	☐ 실: 앵콜스 롤리코튼 A-67호(샤인머스캣) 1g, B-20호(옐로) 1g, C-23호(귤) 6g, D-25호(오렌지) ☐ 도구: 3.5mm 코바늘, 돗바늘 ☐ 크기: 지름 8, 높이 3cm

Crochet No.4	# 방파제 핀쿠션

Making Story

제가 제일 좋아하는 바다는 여름의 밤바다입니다.

밤바다의 방파제를 걷다 보면 지금이 여름이 맞나 싶을 정도로 시원하고 행복해져요.

'방파제'라고 이름 붙였지만 사실은 '테트라포드'라고 해요.

책상 위 작은 오브제로도 훌륭하지만 돗바늘, 시침핀 등을 꽂아 두면 더욱 유용하고 귀엽습니다.

Photo

How to Make

뜨는 방법

- ☐ 매직링으로 시작하는 4개의 편물을 만듭니다.
- ☐ 돗바늘과 꼬리실을 이용해 4개의 편물을 차례대로 연결합니다.

Object

- ☐ 실: 쎄비 로미오 67호(진회색) 12g
- ☐ 도구: 3.5mm 코바늘, 돗바늘, 솜
- ☐ 크기: 가로 8, 세로 8, 높이 8cm

만드는 법

몸체

기초단: 매직링

1단: 기둥 사슬 1 · 짧은뜨기 6 · 빼뜨기 (총 6코)

매직링을 조입니다.

2단: 기둥 사슬 1 · 짧은 2코 늘려뜨기 6 · 빼뜨기 (총 12코)

3단: 모든 코를 뒤반코뜨기로 뜹니다.

기둥 사슬 1 · 짧은뜨기 12 · 빼뜨기 (총 12코)

4단: 기둥 사슬 1 · [짧은뜨기 3 · 짧은 2코 늘려뜨기 1] × 3 · 빼뜨기 (총 15코)

5~6단: 기둥 사슬 1 · 짧은뜨기 15 · 빼뜨기 (총 15코)

7단: 기둥 사슬 1 · [짧은뜨기 1 · 긴뜨기 1 · 한길 긴 2코 늘려뜨기 1 · 긴뜨기 1 · 짧은뜨기 1] × 3 · 빼뜨기 (총 18코)

실을 잘라 마무리합니다.

1~7단을 3번 더 반복해서 총 4개의 편물을 준비합니다.

몸체

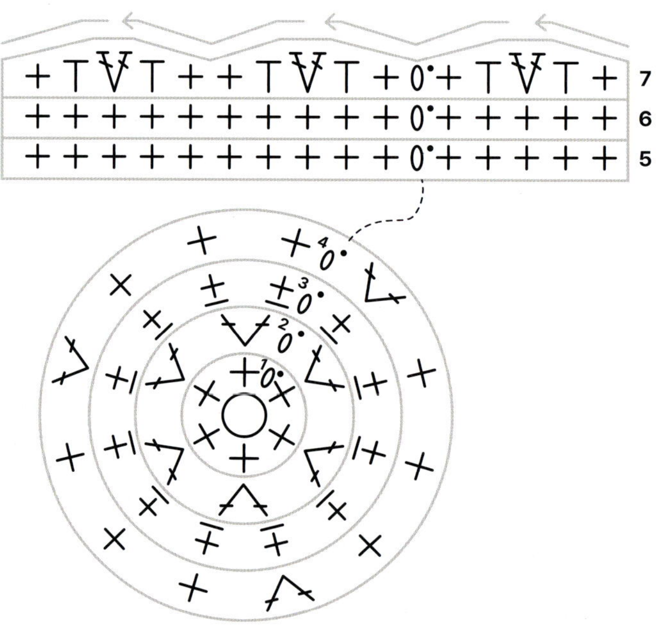

연결하기

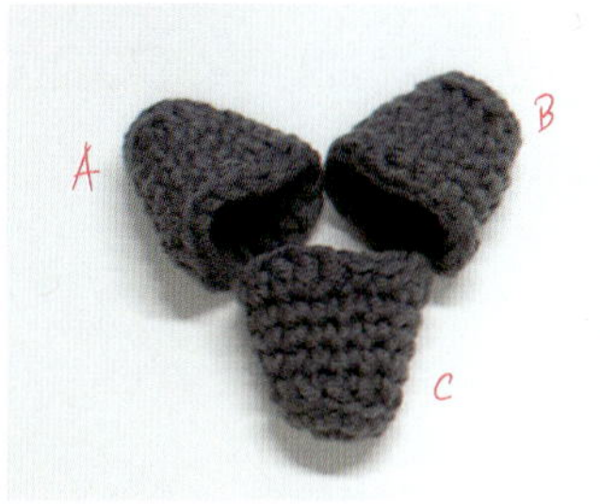

1 사진과 같이 세 개의 편물을 둡니다.

2 실을 약 50cm 길이로 잘라 돗바늘에 끼우고 A와 B의 '한길 긴뜨기 1, 긴뜨기 1, 짧은뜨기 2, 긴뜨기 1, 한길 긴뜨기 1'코에 표시하고 이웃한 편물의 동일한 부분과 연결합니다.

3 B와 C도 이웃한 '한길 긴뜨기 1, 긴뜨기 1, 짧은뜨기 2, 긴뜨기 1, 한길 긴뜨기 1'코 부분을 연결합니다. A와 C도 동일한 부분을 연결합니다.

4 나머지 편물(D)을 가져옵니다. 3에서 연결한 편물을 뚫린 부분이 위에 오도록 두고 A와 D, B와 D, C와 D의 '한길 긴뜨기 1, 긴뜨기 1, 짧은뜨기 2, 긴뜨기 1, 한길 긴뜨기 1'코를 연결합니다. 편물에 솜을 채웁니다.

5 세 편물이 만나는 부분의 코에 남는 실을 돗바늘로 통과시킨 후 조여서 구멍을 줄여주면 완성입니다.

Crochet No.5	# 개굴씨의 수영복
Making Story	개굴씨의 여름 휴가를 위해 만든 작은 수영복입니다. 비키니 상의와 하의, 바지 수영복으로 다양하게 준비했으니 기분에 따라 골라 입혀보세요.
Photo	color 1　　color 2
How to Make	**뜨는 방법** ☐ 모든 수영복의 1단은 사슬의 코산에 뜹니다.
Object	☐ 실: 비키니 상의, 하의-앵콜스 롤리코튼 41호(핫핑크) 2g 　　수영복 바지-앵콜스 롤리코튼 47호(라벤더) 3g ☐ 도구: 3.5mm 코바늘, 돗바늘 ☐ 크기: 　　비키니 상의-가로 4, 세로 4.5cm 　　비키니 하의-가로 4, 세로 2cm 　　수영복 바지-가로 6, 세로 3cm

이렇게 떠도 예뻐요!
앵콜스 롤리코튼
55호(아쿠아), 65호(민트),
17호(버터)

만드는 법

비키니 상의

기초단: 사슬 18 · (첫 코에) 빼뜨기

1단: 모든 코를 사슬의 코산에 뜹니다.

기둥 사슬 1 · 짧은뜨기 6 · 사슬 2 · 한길 긴 3코 모아뜨기 1 · 사슬 18 ·

한길 긴 3코 모아뜨기 1 · 사슬 2 · 짧은뜨기 6 · 빼뜨기

실을 잘라 마무리합니다.

비키니 하의

기초단: 사슬 18 · (첫 코에) 빼뜨기

1단: 모든 코를 사슬의 코산에 뜹니다.

기둥 사슬 1 · 짧은뜨기 7 · 긴뜨기 1+한길 긴뜨기 1 · 두길 긴뜨기 1 · 사슬 4 ·

기둥 사슬 1 · 빼뜨기 4 · 두길 긴뜨기 1 · 한길 긴뜨기 1+긴뜨기 1 · 짧은뜨기 7 · 빼뜨기

실을 약 30cm 남기고 잘라 마무리합니다.

길게 남긴 꼬리실을 이용해 편물 중간의 '기둥 사슬 1' 부분과 첫 코를 연결합니다.

비키니 상의

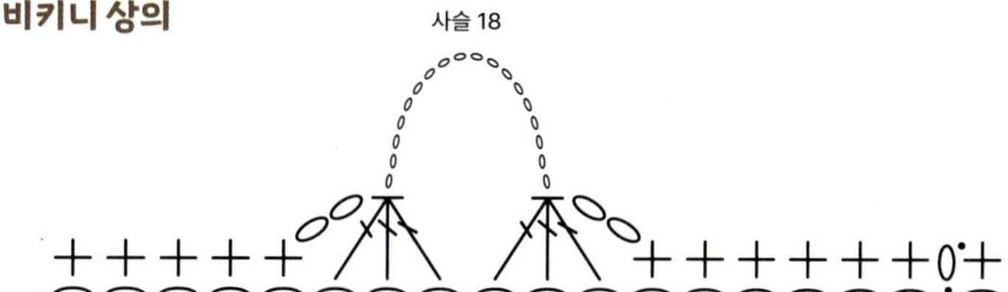

비키니 하의

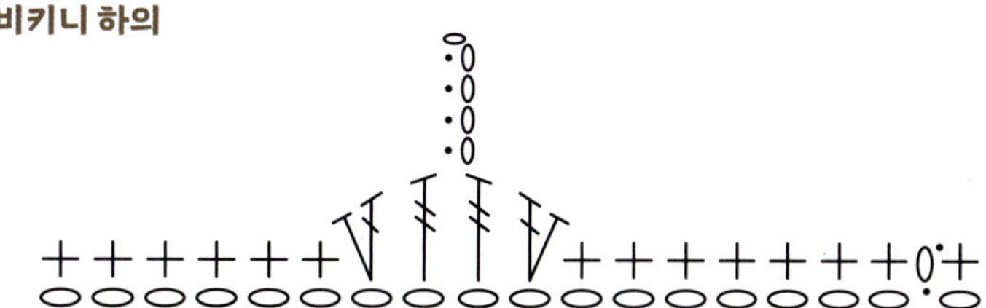

수영복 바지

기초단: 사슬 20 · (첫 코에) 빼뜨기

1단: 모든 코를 사슬의 코산에 뜹니다.

기둥 사슬 1 · 짧은뜨기 20 · 빼뜨기 (총 20코)

2단: 기둥 사슬 1 · 짧은뜨기 20 · 빼뜨기 (총 20코)

오른쪽 다리 1단: 기둥 사슬 1 · 짧은뜨기 10 · 사슬 2 · 빼뜨기 (총 12코)

오른쪽 다리 2단: 기둥 사슬 1 · 짧은뜨기 10 · (사슬의 반코에) 짧은뜨기 2 · 빼뜨기 (총 12코)

오른쪽 다리 3단: 기둥 사슬 1 · 짧은뜨기 12 · 빼뜨기 (총 12코)

실을 잘라 마무리합니다.

왼쪽 다리 1단: 2단의 11번째 코에 실 새로 가져와 진행합니다.

기둥 사슬 1 · 짧은뜨기 10 · (오른쪽 다리 1단에서 만든 사슬의 반코와 코산에) 짧은뜨기 2 · 빼뜨기 (총 12코)

왼쪽 다리 2단: 기둥 사슬 1 · 짧은뜨기 12 · 빼뜨기 (총 12코)

왼쪽 다리 3단: 기둥 사슬 1 · 짧은뜨기 12 · 빼뜨기 (총 12코)

실을 잘라 마무리합니다.

수영복 바지

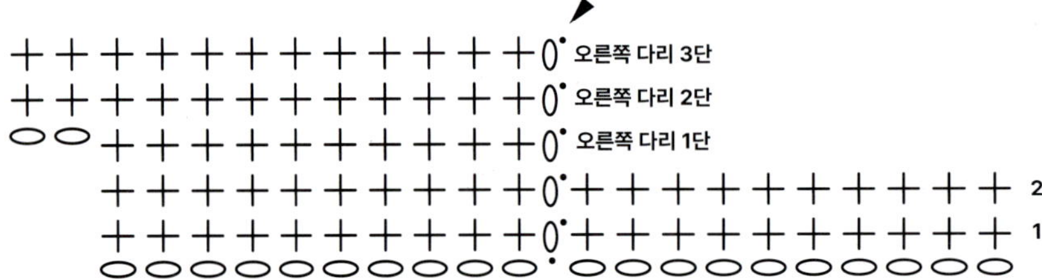

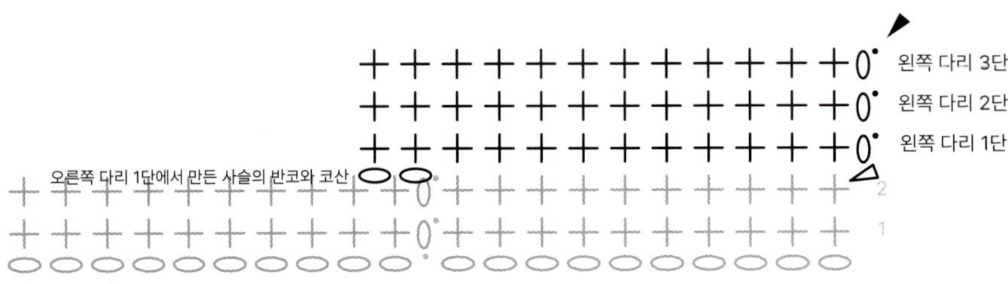

Project :
008

금손 할머니의 뜨개방

Making
Story

'그래니 스퀘어 모티브'는 코바늘을 대표하는 패턴 중 하나라고 생각해요.
이 그래니 패턴을 저만의 방식으로 다양하게 해석해서 만든 시리즈입니다.
작은 소품부터 큰 작품까지, 그래니에 푹 빠져봅시다!

Crochet No.1	# 오후 테이블 매트

Making Story

타원형이라 더 귀여운 테이블 매트입니다. 좋아하는 간식을 먹을 때도,
책상에서 일기를 쓸 때도 그래니 테이블 매트와 함께라면 조금 더 발랄해진답니다.
두 가지 컬러 조합과 특별하게 변형한 그래니 테이블 매트를 준비했으니
마음에 드는 버전으로 만들어보세요.

Photo

How to Make

뜨는 방법

☐ 사슬에서 시작합니다.
☐ 2~12단은 모두 다발에 뜹니다.

Object

☐ 실: 쎄비 로미오
     A-1호(흰색) 25g, B-80호(네온 배추벌레) 25g, C-14호(귤색) 25g
☐ 도구: 3.5mm 코바늘, 돗바늘
☐ 크기: 가로 42, 세로 26cm

오후 테이블 매트

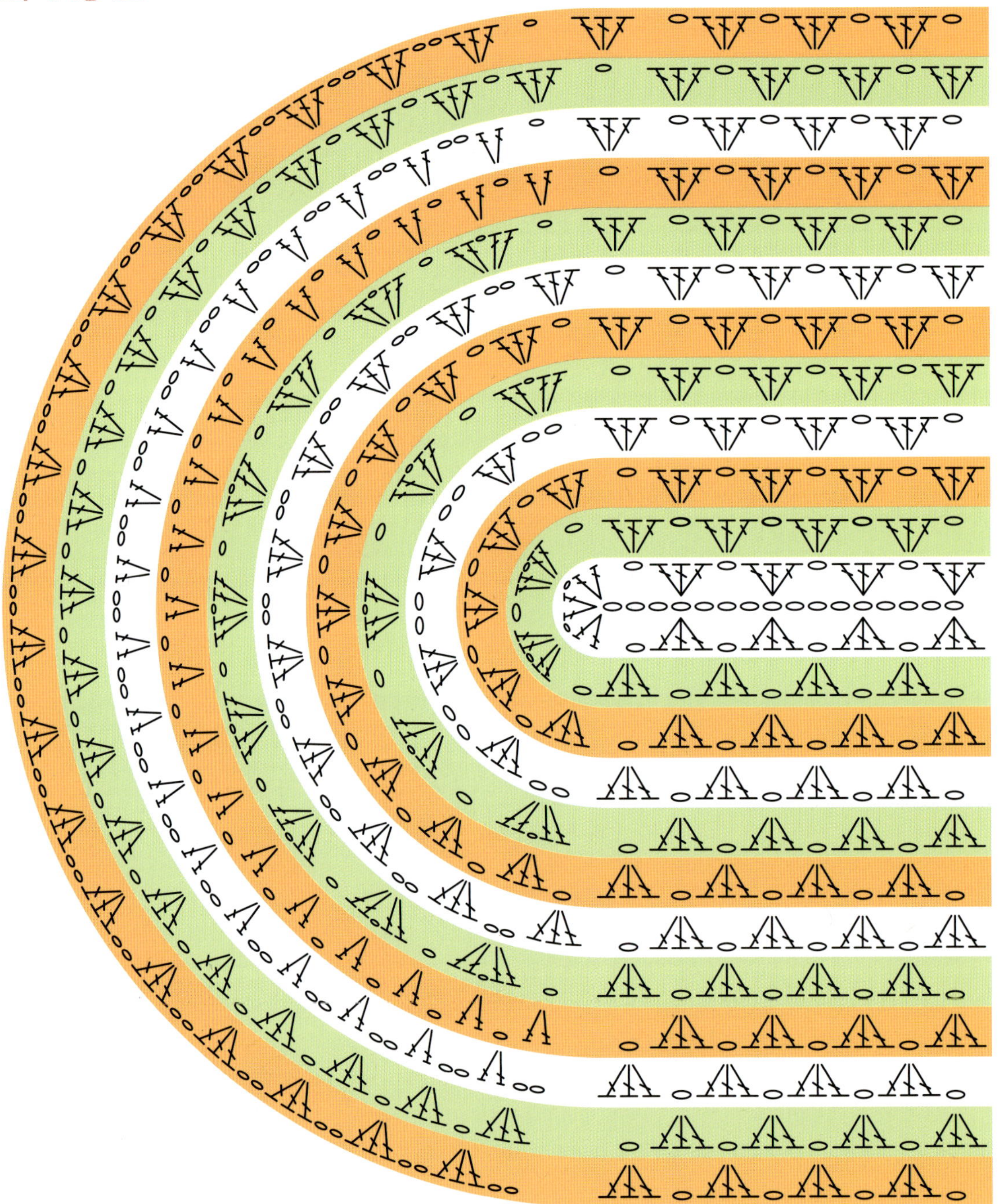

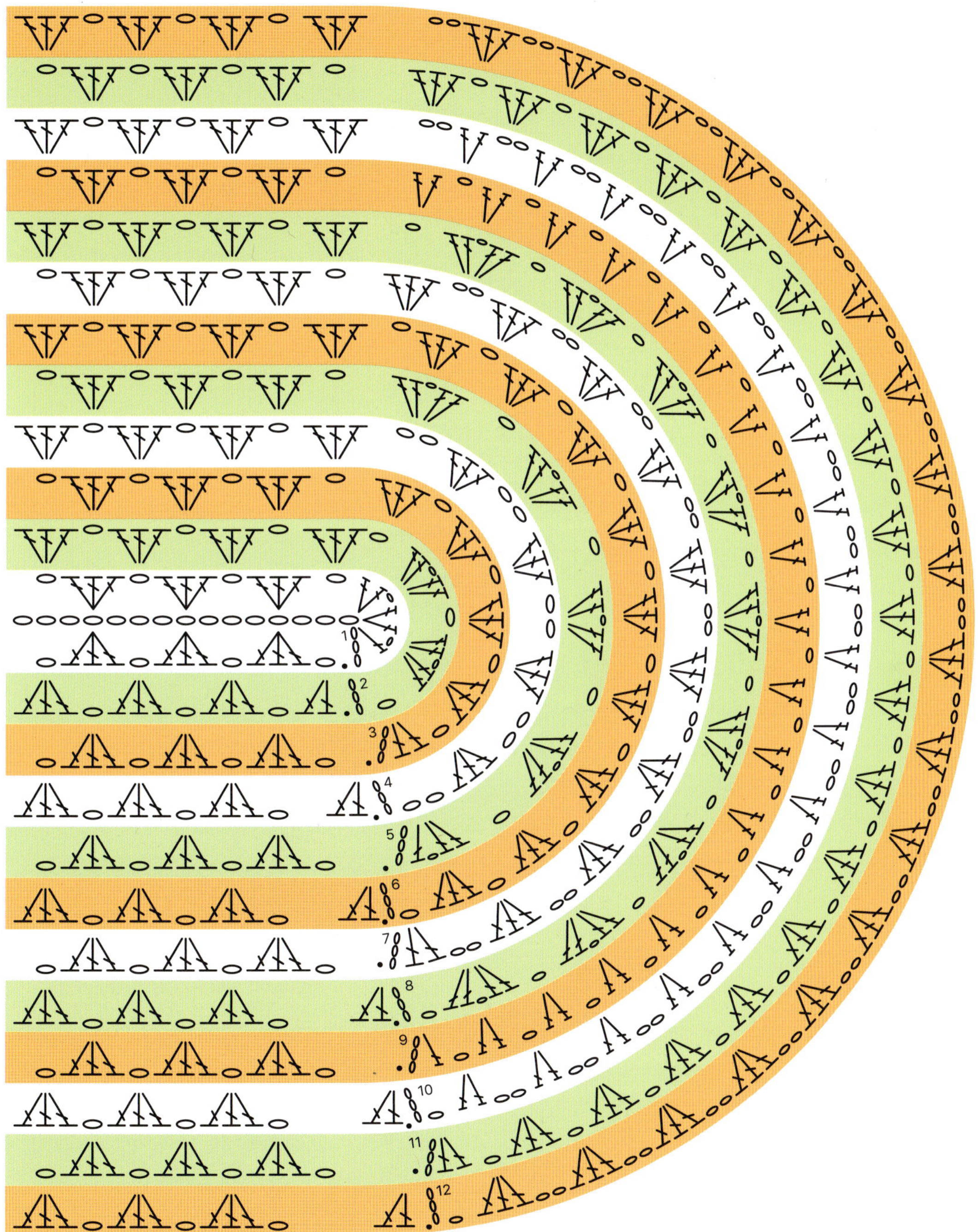

만드는 법

기초단: (A실) 사슬 31

1단: 기둥 사슬 3 • (네 번째 사슬의 반코에) 한길 긴뜨기 1+사슬 1+한길 긴 2코 늘려뜨기 1+사슬 1+한길 긴 2코 늘려뜨기 1+사슬 1 •

(2코 건너뛰고 다음 사슬의 반코에) 한길 긴 3코 늘려뜨기 1 • 사슬 1 •

[(3코 건너뛰고 다음 사슬의 반코에) 한길 긴 3코 늘려뜨기 1 • 사슬 1] × 6 •

(마지막 사슬의 반코에) 한길 긴 2코 늘려뜨기 1+사슬 1+한길 긴 2코 늘려뜨기 1+사슬 1+한길 긴 2코 늘려뜨기 1+사슬 1 •

(2코 건너뛰고 다음 사슬의 반코와 코산에) 한길 긴 3코 늘려뜨기 1 • 사슬 1 •

[(3코 건너뛰고 다음 사슬의 반코와 코산에) 한길 긴 3코 늘려뜨기 1 • 사슬 1] × 6 • 빼뜨기 (총 74코)

2단부터는 모든 코를 전 단의 다발에 뜹니다.

2단: (B실) 기둥 사슬 3 • 사슬 1 • [한길 긴 4코 늘려뜨기(사이에 사슬 1코) 1 • 사슬 1] × 2 • [한길 긴 3코 늘려뜨기 1 • 사슬 1] × 8 •

[한길 긴 4코 늘려뜨기(사이에 사슬 1코) 1 • 사슬 1] × 2 • [한길 긴 3코 늘려뜨기 1 • 사슬 1] × 7 • 한길 긴 2코 늘려뜨기 1 •

빼뜨기 (총 88코)

3단: (C실) 기둥 사슬 3+한길 긴 2코 늘려뜨기 1 • 사슬 1 • [한길 긴 3코 늘려뜨기 1 • 사슬 1] × 23 • 빼뜨기 (총 96코)

4단: (A실) 기둥 사슬 3 • 사슬 2 • [한길 긴 3코 늘려뜨기 1 • 사슬 2] × 4 • [한길 긴 3코 늘려뜨기 1 • 사슬 1] × 7 •

[한길 긴 3코 늘려뜨기 1 • 사슬 2] × 5 • [한길 긴 3코 늘려뜨기 1 • 사슬 1] × 7 • 한길 긴 2코 늘려뜨기 1 • 빼뜨기 (총 106코)

5단: (B실) 기둥 사슬 3+한길 긴 긴뜨기 1+사슬 1+한길 긴 2코 늘려뜨기 1+사슬 1 • [한길 긴 4코 늘려뜨기 (사이에 사슬 1코) 1 •

사슬 1] × 4 • [한길 긴 3코 늘려뜨기 1 • 사슬 1] × 7 • [한길 긴 4코 늘려뜨기 (사이에 사슬 1코) 1 • 사슬 1] × 5 •

[한길 긴 3코 늘려뜨기 1 • 사슬 1] × 7 • 빼뜨기 (총 116코)

6단: (C실) 기둥 사슬 3 • 사슬 1 • [한길 긴 3코 늘려뜨기 1 • 사슬 1] × 33 • 한길 긴 2코 늘려뜨기 1 • 빼뜨기 (총 136코)

7단: (A실) 기둥 사슬 3+한길 긴 2코 늘려뜨기 1+사슬 2 • [한길 긴 3코 늘려뜨기 1 • 사슬 2] × 8 • [한길 긴 3코 늘려뜨기 1 •

사슬 1] × 8 • [한길 긴 3코 늘려뜨기 1 • 사슬 2] × 9 • [한길 긴 3코 늘려뜨기 1 • 사슬 1] × 8 • 빼뜨기 (총 154코)

8단: (B실) 기둥 사슬 3 • 사슬 1 • [한길 긴 4코 늘려뜨기 (사이에 사슬 1코) 1 • 사슬 1] × 9 • [한길 긴 3코 늘려뜨기 1 • 사슬 1] × 8 •

[한길 긴 4코 늘려뜨기 (사이에 사슬 1코) 1 • 사슬 1] × 9 • [한길 긴 3코 늘려뜨기 1 • 사슬 1] × 7 • 한길 긴 2코 늘려뜨기 1 •

빼뜨기 (총 172코)

9단: (C실) 기둥 사슬 3+한길 긴 긴뜨기 1+사슬 1 • [한길 긴 2코 늘려뜨기 1 • 사슬 1] × 18 • [한길 긴 3코 늘려뜨기 1 • 사슬 1] × 7 •

[한길 긴 2코 늘려뜨기 1 • 사슬 1] × 19 • [한길 긴 3코 늘려뜨기 1 • 사슬 1] × 7 • 빼뜨기 (총 170코)

10단: (A실) 기둥 사슬 3 • 사슬 1 • [한길 긴 2코 늘려뜨기 1 • 사슬 2] × 18 • [한길 긴 3코 늘려뜨기 1 • 사슬 1] × 8 •

[한길 긴 2코 늘려뜨기 1 • 사슬 2] × 18 • [한길 긴 3코 늘려뜨기 1 • 사슬 1] × 7 • 한길 긴 2코 늘려뜨기 1 • 빼뜨기 (총 208코)

11단: (B실) 기둥 사슬 3+한길 긴 2코 늘려뜨기 1+사슬 1 • [한길 긴 3코 늘려뜨기 1 • 사슬 1] × 51 • 빼뜨기 (총 208코)

12단: (C실) 기둥 사슬 3 • 사슬 1 • [한길 긴 3코 늘려뜨기 1 • 사슬 2] × 18 • [한길 긴 3코 늘려뜨기 1 • 사슬 1] × 8 •

[한길 긴 3코 늘려뜨기 1 • 사슬 2] × 18 • [한길 긴 3코 늘려뜨기 1 • 사슬 1] × 7 • 한길 긴 2코 늘려뜨기 1 • 빼뜨기 (총 244코)

토마토 테이블 매트

Photo

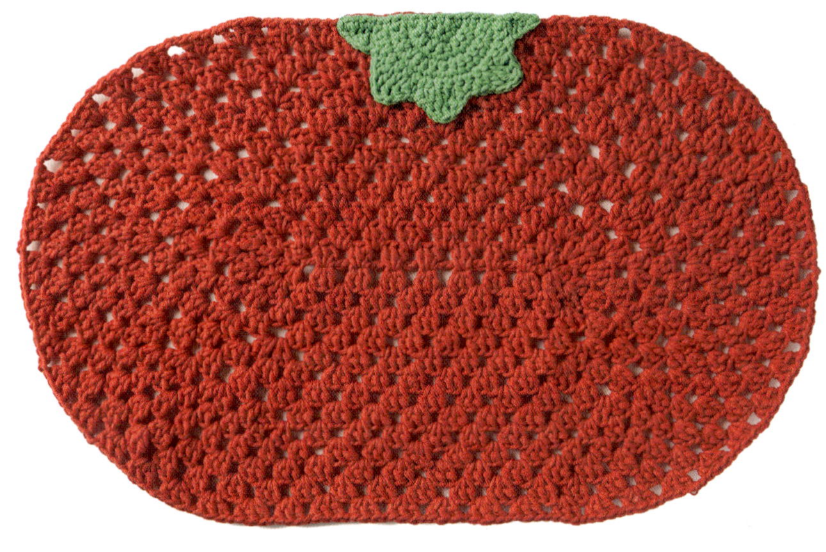

Object

- ☐ 실: 쎄비 로미오 30호(주황빛 빨강) 75g, 47호(연두색) 5g
- ☐ 도구: 3.5mm 코바늘, 돗바늘
- ☐ 크기: 가로 42, 세로 26cm

테이블 매트　　주황빛빨강색 실로 '오후 테이블 매트'의 기초단~12단과 동일하게 만듭니다.

토마토 꼭지

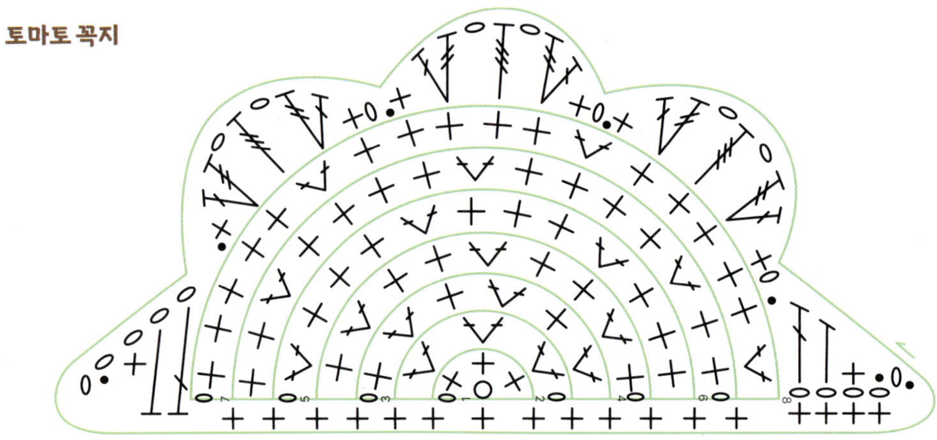

토마토 꼭지

기초단: (연두색) 매직링

1단: 기둥 사슬 1 · 짧은뜨기 3 (총 3코)

매직링을 조입니다.

2단: 기둥 사슬 1 · 짧은 2코 늘려뜨기 3 (총 6코)

3단: 기둥 사슬 1 · [짧은뜨기 1 · 짧은 2코 늘려뜨기 1] × 3 (총 9코)

4단: 기둥 사슬 1 · [짧은뜨기 1 · 짧은 2코 늘려뜨기 1 · 짧은뜨기 1] × 3 (총 12코)

5단: 기둥 사슬 1 · [짧은 2코 늘려뜨기 1 · 짧은뜨기 3] × 3 (총 15코)

6단: 기둥 사슬 1 · [짧은뜨기 2 · 짧은 2코 늘려뜨기 1 · 짧은뜨기 2] × 3 (총 18코)

7단: 기둥 사슬 1 · [짧은뜨기 5 · 짧은 2코 늘려뜨기 1] × 3 (총 21코)

8단: 사슬 4 · 기둥 사슬 1 · (사슬의 반코에) 빼뜨기 1 · 짧은뜨기 1 · 긴뜨기 1 · 한길 긴뜨기 1 · (2코 건너뛰고 다음 코에) 빼뜨기 · [사슬 1 · 짧은뜨기 1 · 한길 긴뜨기 1+두길 긴뜨기 1 · 사슬 1 · 세길 긴뜨기 1 · 사슬 1 · 두길 긴뜨기 1+한길 긴뜨기 1 · 짧은뜨기 1 · 빼뜨기] × 3 · 사슬 4 · 기둥 사슬 1 · (사슬의 반코에) 빼뜨기 1 · 짧은뜨기 1 · 긴뜨기 1 · 한길 긴뜨기 1 · (반원의 지름에) 짧은뜨기 13 · (사슬의 반코와 코산에) 짧은뜨기 4 · (첫 코에) 빼뜨기

실을 약 60cm 남기고 잘라 마무리하고 테이블 매트의 중앙 상단에 꼬리실과 돗바늘을 이용해 연결합니다.

Crochet No.2	# 방울방울 전등갓
Making Story	공간을 더 아늑하게 바꿔주는 전등갓입니다. 당겨서 불을 켜는 전구등 사이즈로 만들었어요. 전구등 위에 살포시 올리기만 해도 훌륭한 인테리어 아이템이 됩니다. 코지한 방을 원한다면 꼭 떠 보세요.

Photo

How to Make

뜨는 방법

- ☐ 2~11단의 코는 모두 다발에 뜹니다.

Object

- ☐ 실: 쎄비 로미오
  A-1호(흰색) 12g, B-23호(진분홍) 12g,
  C-80호(네온 배추벌레) 12g
- ☐ 도구: 3.5mm 코바늘, 돗바늘, 당기는 전구등
- ☐ 크기: 가로 9, 세로 9, 높이 11cm

이렇게 떠도 예뻐요!
추천 1: 쎄비 로미오 A-1호(흰색),
B-90호(라일락), C-48호(옥색)
추천 2: 쎄비 로미오 A-3호(연한살구),
B-27호(코랄핑크), C-18호(라이트살몬)

만드는 법

기초단: (A실) 사슬 12 · (첫 코에) 빼뜨기

1단: 모든 코를 사슬의 코산에 뜹니다.

기둥 사슬 3+한길 긴 2코 늘려뜨기 1 · 사슬 1 · [(2코 건너뛰고 다음 코에) 한길 긴 3코 늘려뜨기 1 · 사슬 1] × 3 · 빼뜨기 (총 16코)

2단부터는 모든 코를 전 단의 다발에 뜹니다.

2단: (B실) 기둥 사슬 3 · 사슬 1 · [한길 긴 6코 늘려뜨기(사이에 사슬 1코) 1 · 사슬 1] × 3 · 한길 긴 3코 늘려뜨기 1+사슬 1+한길 긴 2코 늘려뜨기 1 · 빼뜨기 (총 32코)

3단: (C실) 기둥 사슬 3+한길 긴 2코 늘려뜨기 1 · 사슬 1 · [한길 긴 3코 늘려뜨기 1 · 사슬 1] × 7 · 빼뜨기 (총 32코)

4단: (A실) 기둥 사슬 3 · 사슬 1 · [한길 긴 3코 늘려뜨기 1 · 사슬 1] × 7 · 한길 긴 2코 늘려뜨기 1 · 빼뜨기 (총 32코)

5단: (B실) 기둥 사슬 3+한길 긴 2코 늘려뜨기 1 · 사슬 1 · [한길 긴 3코 늘려뜨기 1 · 사슬 1] × 7 · 빼뜨기 (총 32코)

6단: (C실) 기둥 사슬 3 · 사슬 1 · [한길 긴 3코 늘려뜨기 1 · 사슬 1] × 7 · 한길 긴 2코 늘려뜨기 1 · 빼뜨기 (총 32코)

7단: (A실) 기둥 사슬 3+한길 긴 2코 늘려뜨기 1 · 사슬 1 · [한길 긴 3코 늘려뜨기 1 · 사슬 1] × 7 · 빼뜨기 (총 32코)

8단: (B실) 기둥 사슬 3 · 사슬 1 · [한길 긴 3코 늘려뜨기 1 · 사슬 1] × 7 · 한길 긴 2코 늘려뜨기 1 · 빼뜨기 (총 32코)

9단: (C실) 기둥 사슬 3+한길 긴 2코 늘려뜨기 1+사슬 1+한길 긴 3코 늘려뜨기 1 · 사슬 1 · [한길 긴 6코 늘려뜨기(사이에 사슬 1코) 1 · 사슬 1] × 7 · 빼뜨기 (총 64코)

10단: (A실) 기둥 사슬 3 · 사슬 1 · [한길 긴 3코 늘려뜨기 1 · 사슬 1] × 15 · 한길 긴 2코 늘려뜨기 1 · 빼뜨기 (총 64코)

11단: (B실) 기둥 사슬 3+한길 긴 2코 늘려뜨기 1 · 사슬 1 · [한길 긴 3코 늘려뜨기 1 · 사슬 1] × 15 · 빼뜨기 (총 64코)

실을 잘라 마무리합니다.

방울방울 전등갓

Crochet No.3	마카롱 옷걸이 커버

Making Story

귀여운 구석 하나 없는 단조로운 옷걸이도 마카롱 옷걸이 커버를 만나면
단숨에 특별해질 수 있어요. 옷을 걸어 두는 잠깐 사이에도 기분이 좋아지는 작품입니다.

Photo

How to Make

뜨는 방법

□ 2~10단의 코는 모두 다발에 뜹니다.

Object

□ 실: 쎄비 로미오
   A-1호(흰색) 11g, B-30호(주황빛빨강) 8g,
   C-45호(연한민트색) 10g
□ 도구: 3.5mm 코바늘, 돗바늘
□ 크기: 가로 9, 세로 9, 높이 11cm

만드는 법

기초단: (A실) 사슬 26 · 첫 코에 빼뜨기

1단: 모든 코를 사슬의 코산에 뜹니다.

기둥 사슬 3+한길 긴 2코 늘려뜨기 1 · 사슬 1 · [(3코 건너뛰고 다음 코에) 한길 긴 3코 늘려뜨기 1 · 사슬 1] × 3 · 사슬 3 · 한길 긴 3코 늘려뜨기 1 · 사슬 1 · [(3코 건너뛰고 다음 코에) 한길 긴 3코 늘려뜨기 1 · 사슬 1] × 3 · 사슬 3 · 빼뜨기 (총 38코)

2단부터는 모든 코를 전 단의 다발에 뜹니다.

2단: (B실) · 기둥 사슬 3 · 사슬 1 · [한길 긴 3코 늘려뜨기 1 · 사슬 1] × 3 · 한길 긴 3코 늘려뜨기 1+사슬 4+한길 긴 3코 늘려뜨기 1 · 사슬 1 · [한길 긴 3코 늘려뜨기 1 · 사슬 1] × 3 · 한길 긴 3코 늘려뜨기 1+사슬 4+한길 긴 2코 늘려뜨기 1 · 빼뜨기 (총 46코)

3단: (C실) 기둥 사슬 3+한길 긴 2코 늘려뜨기 1 · 사슬 1 · [한길 긴 3코 늘려뜨기 1 · 사슬 1] × 3 · 한길 긴 3코 늘려뜨기 1+사슬 4+한길 긴 3코 늘려뜨기 1 · 사슬 1 · [한길 긴 3코 늘려뜨기 1 · 사슬 1] × 4 · 한길 긴 3코 늘려뜨기 1+사슬 4+한길 긴 3코 늘려뜨기 1 · 사슬 1 · 빼뜨기 (총 54코)

4단: (A실) 기둥 사슬 3 · 사슬 1 · [한길 긴 3코 늘려뜨기 1 · 사슬 1] × 4 · 한길 긴 3코 늘려뜨기 1+사슬 4+한길 긴 3코 늘려뜨기 1 · 사슬 1 · [한길 긴 3코 늘려뜨기 1 · 사슬 1] × 5 · 한길 긴 3코 늘려뜨기 1+사슬 4+한길 긴 3코 늘려뜨기 1 · 사슬 1 · 한길 긴 2코 늘려뜨기 1 · 빼뜨기 (총 62코)

5단: (B실) 기둥 사슬 3+한길 긴 2코 늘려뜨기 1 · 사슬 1 · [한길 긴 3코 늘려뜨기 1 · 사슬 1] × 4 · 한길 긴 3코 늘려뜨기 1+사슬 4+한길 긴 3코 늘려뜨기 1 · 사슬 1 · [한길 긴 3코 늘려뜨기 1 · 사슬 1] × 6 · 한길 긴 3코 늘려뜨기 1+사슬 4+한길 긴 3코 늘려뜨기 1 · 사슬 1 · 한길 긴 3코 늘려뜨기 1 · 사슬 1 · 빼뜨기 (총 70코)

6단: (C실) 기둥 사슬 3 · 사슬 1 · [한길 긴 3코 늘려뜨기 1 · 사슬 1] × 5 · 한길 긴 3코 늘려뜨기 1+사슬 4+한길 긴 3코 늘려뜨기 1 · 사슬 1 · [한길 긴 3코 늘려뜨기 1 · 사슬 1] × 7 · 한길 긴 3코 늘려뜨기 1+사슬 4+한길 긴 3코 늘려뜨기 1 · 사슬 1 · 한길 긴 3코 늘려뜨기 1 · 사슬 1 · 한길 긴 2코 늘려뜨기 1 · 빼뜨기 (총 78코)

7단: (A실) 기둥 사슬 3+한길 긴 2코 늘려뜨기 1 · 사슬 1 · [한길 긴 3코 늘려뜨기 1 · 사슬 1] × 5 · 한길 긴 3코 늘려뜨기 1+사슬 4+한길 긴 3코 늘려뜨기 1 · 사슬 1 · [한길 긴 3코 늘려뜨기 1 · 사슬 1] × 8 · 한길 긴 3코 늘려뜨기 1+사슬 4+한길 긴 3코 늘려뜨기 1 · 사슬1 · [한길 긴 3코 늘려뜨기 1 · 사슬 1] × 2 · 빼뜨기 (총 86코)

8단: (B실) 기둥 사슬 3 · 사슬 1 · [한길 긴 3코 늘려뜨기 1 · 사슬 1] × 6 · 한길 긴 3코 늘려뜨기 1+사슬 4+한길 긴 3코 늘려뜨기 1 · 사슬 1 · [한길 긴 3코 늘려뜨기 1 · 사슬 1] × 9 · 한길 긴 3코 늘려뜨기 1+사슬 4+한길 긴 3코 늘려뜨기 1 · 사슬 1 · [한길 긴 3코 늘려뜨기 1 · 사슬 1] × 2 · 한길 긴 2코 늘려뜨기 1 · 빼뜨기 (총 94코)

9단: (C실) 기둥 사슬 3+한길 긴 2코 늘려뜨기 1 · 사슬 1 · [한길 긴 3코 늘려뜨기 1 · 사슬 1] × 6 · 한길 긴 3코 늘려뜨기 1+사슬 4+한길 긴 3코 늘려뜨기 1 · 사슬 1 · [한길 긴 3코 늘려뜨기 1

사슬 1] × 10 · 한길 긴 3코 늘려뜨기 1+사슬 4+한길 긴 3코 늘려뜨기 1 · 사슬 1 ·

[한길 긴 3코 늘려뜨기 1 · 사슬 1] × 3 · 빼뜨기 (총 102코)

10단: (A실) 기둥 사슬 3 · 사슬 1 · [한길 긴 3코 늘려뜨기 1 · 사슬 1] × 7 · 한길 긴 3코 늘려뜨기

1+사슬 4+한길 긴 3코 늘려뜨기 1 · 사슬 1 · [한길 긴 3코 늘려뜨기 1 · 사슬 1] × 11 · 한길 긴 3코

늘려뜨기 1+사슬 4+한길 긴 3코 늘려뜨기 1 · 사슬 1 · [한길 긴 3코 늘려뜨기 1 · 사슬 1] × 3 ·

한길 긴 2코 늘려뜨기 1 · 빼뜨기 (총 110코)

실을 잘라 마무리합니다.

마카롱 옷걸이 커버

Crochet No.4	# 조각 미니백

Making Story

조각 4개를 모아 만든 미니백입니다. 어디서나 가볍게 들기 좋은 크기입니다.
작아 보여도 수납력이 좋아 여러 가지 물건을 넣고 다닐 수 있어요.
5.0mm 코바늘을 사용해 빠르고 재미있게 만들 수 있습니다.

Photo

How to Make

뜨는 방법

- ☐ 조각 모티브 2~3단의 코는 모두 다발에 뜹니다.
- ☐ 모티브는 2개씩 코바늘을 사용해 연결합니다.
- ☐ 모티브의 오른쪽 상단에 실을 새로 가져와 지퍼 부분을 뜹니다.
- ☐ 가방 바닥과 손잡이 부분은 한 번에 만들고, 만들어 두었던 모티브와
  지퍼 부분에 연결합니다.

Object

- ☐ 실: 앵콜스 통통이 코튼
  A-19호(빨강통통) 7g, B-02호(하양통통) 13g,
  C-30호(연하늘 통통) 2볼(140g)
- ☐ 도구: 5.0mm 코바늘, 돗바늘
- ☐ 크기: 가로 22, 세로 8, 높이 37cm

만드는 법

조각 모티브

기초단: (A실) 매직링

1단: 기둥 사슬 3 • 한길 긴 2코 늘려뜨기 1 • 사슬 3 • [한길 긴 3코 늘려뜨기 1 • 사슬 3] × 3 • 빼뜨기 (총 24코)

매직링을 조입니다.

2단: (B실) 기둥 사슬 3 • [사슬 1 • (1단의 꼭짓점 구멍에) 한길 긴 3코 늘려뜨기 1+사슬 3+한길 긴 3코 늘려뜨기 1] × 3 • 사슬 1 • (1단의 꼭짓점 구멍에) 한길 긴 3코 늘려뜨기 1+사슬 3+한길 긴 2코 늘려뜨기 1 • 빼뜨기 (총 40코)

3단: (C실) 기둥 사슬 3 • 한길 긴 2코 늘려뜨기 1 • 사슬 1 • (2단의 꼭짓점 구멍에) 한길 긴 3코 늘려뜨기 1+사슬 3+한길 긴 3코 늘려뜨기 1 • 사슬 1 • (2단의 꼭짓점 구멍에) 한길 긴 3코 늘려뜨기 1] × 3 • 사슬 1 • (2단의 꼭짓점 구멍에) 한길 긴 3코 늘려뜨기 1+사슬 3+한길 긴 3코 늘려뜨기 1 • 사슬 1 • 빼뜨기 (총 56코)

4단: 기둥 사슬 1 • 짧은뜨기 7 • (3단의 꼭짓점 구멍에) 짧은뜨기 1+한길 긴 2코 늘려뜨기 1+짧은뜨기 1 • 짧은뜨기 11 • (3단의 꼭짓점 구멍에) 짧은뜨기 1+한길 긴 2코 늘려뜨기 1+짧은뜨기 1 • 짧은뜨기 11 • (3단의 꼭짓점 구멍에) 짧은뜨기 1+한길 긴 2코 늘려뜨기 1+짧은뜨기 1 • 짧은뜨기 11 • (3단의 꼭짓점 구멍에) 짧은뜨기 1+한길 긴 2코 늘려뜨기 1+짧은뜨기 1 • 짧은뜨기 4 • 빼뜨기 (총 60코)

실을 잘라 마무리합니다.

1~4단을 총 4번 반복해 4개의 그래니 모티브를 만듭니다.

조각 미니백 모티브, 지퍼 부분

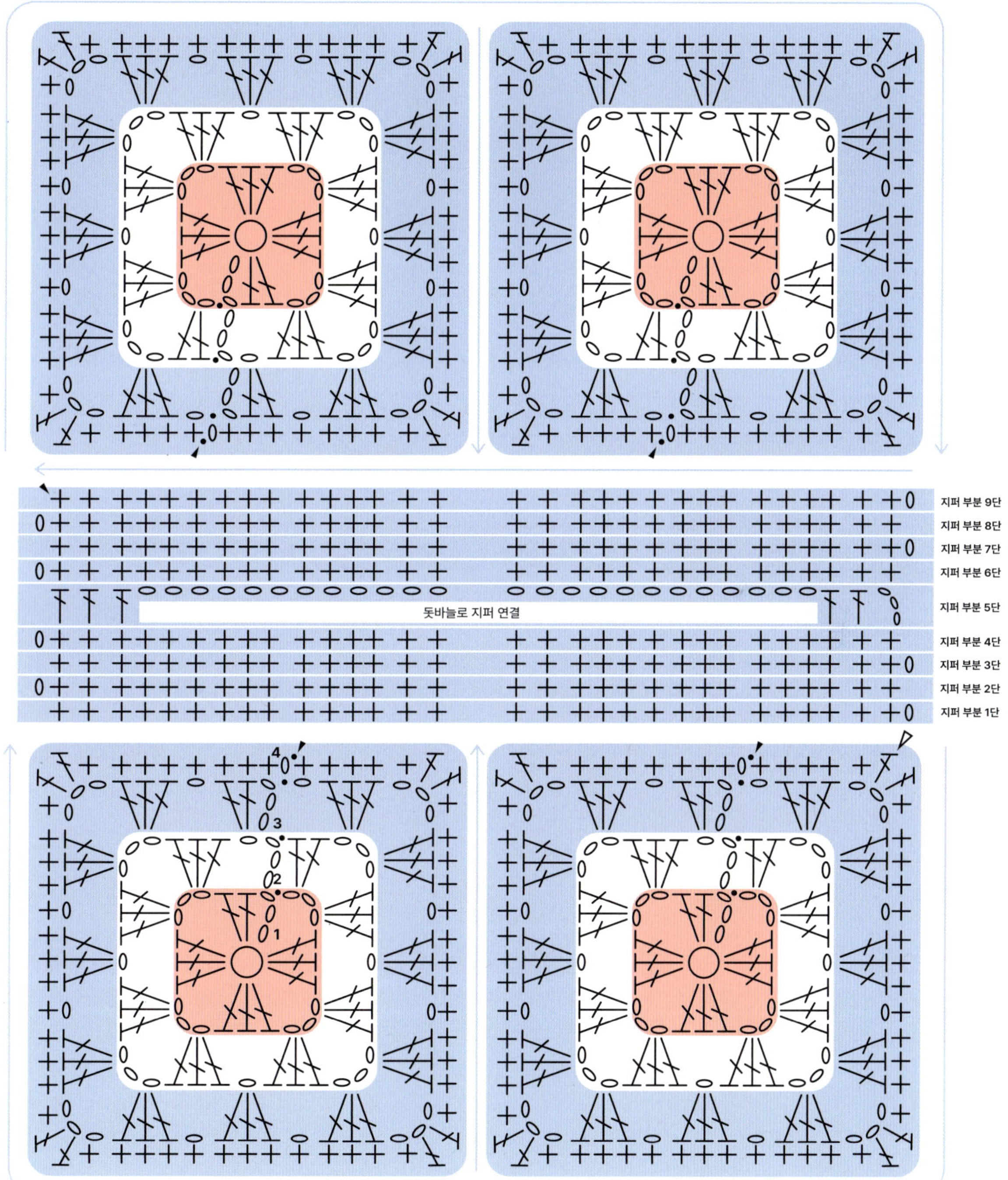

모티브 연결하기

1 모티브 2개를 나란히 둡니다. 오른쪽 모티브의 왼쪽 하단 뒤반코에 코바늘을 넣습니다.

2 이어서 왼쪽 모티브의 오른쪽 하단 뒤반코에 코바늘을 넣습니다.

3 실을 가져와서 코바늘에 걸린 실을 모두 빼뜨기합니다. 이제 왼쪽 모티브의 다음 뒤반코에 코바늘을 넣고 이어서 오른쪽 모티브의 다음 뒤반코에 코바늘을 넣은 후 빼뜨기합니다.

4 반복해서 모티브 2개를 연결했습니다. 나머지 2개의 모티브도 동일한 방법으로 연결해 편물 2개가 되도록 합니다.

지퍼 부분

연결된 편물 중 하나를 골라 오른쪽 모티브의 4단 55번째 코에 C실을 새로 가져와 시작합니다.

1단: 기둥 사슬 1 · 짧은뜨기 15 · (왼쪽의 모티브에 이어서) 짧은뜨기 15 (총 30코)

2~4단: 기둥 사슬 1 · 짧은뜨기 30 (총 30코)

5단: 기둥 사슬 3 · 한길 긴뜨기 2 · 사슬 24 · 한길 긴뜨기 3 (총 30코)

6단: 기둥 사슬 1 · 짧은뜨기 3 · (사슬의 코산에) 짧은뜨기 24 · 짧은뜨기 3 (총 30코)

7~9단: 기둥 사슬 1 · 짧은뜨기 30 (총 30코)

실을 약 100cm 남기고 자릅니다.

지퍼 달기

1 지퍼 부분의 4~6단을 홈질해 지퍼를 연결합니다. 이때 가는 돗바늘과 반으로 가른 통통이 코튼실을 사용하면 편리합니다.

2 남은 2개로 연결된 모티브 편물을 가져와 윗부분을 지퍼 부분의 9단과 돗바늘 감침질로 연결합니다.

가방 바닥~손잡이

기초단: (C실) 사슬 140 · 첫 코에 빼뜨기

첫 코에 빼뜨기를 할 때 기초단이 꼬이지 않도록 주의합니다.

1단: 모든 코를 사슬의 코산에 뜹니다.

기둥 사슬 1 · 짧은뜨기 140 · 빼뜨기 (총 140코)

2~4단: 기둥 사슬 1 · 짧은뜨기 140 · 빼뜨기 (총 140코)

5단: 기둥 사슬 3 · 한길 긴뜨기 34 · 짧은뜨기 70 · 한길 긴뜨기 35 · 빼뜨기 (총 140코)

6~9단: 기둥 사슬 1 · 짧은뜨기 140 · 빼뜨기 (총 140코)

실을 잘라 마무리합니다.

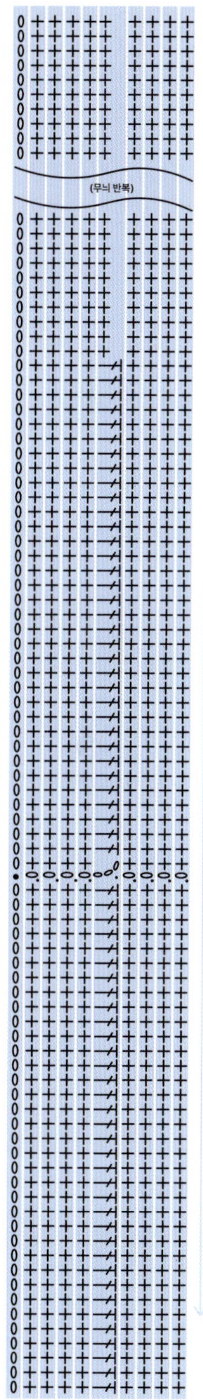

연결하기

1   기둥 사슬을 세운 부분이 가방 바닥의 정중앙이 됩니다. 기초단과 9단에서 첫 코로부터 양쪽으로 30코를 세어 단수링으로 표시합니다.

2   단수링으로 표시한 오른쪽 코부터 모티브에 코바늘로 연결합니다.

3   지퍼 부분과 손잡이가 이어지는 부분은 돗바늘로 홈질해 연결합니다.

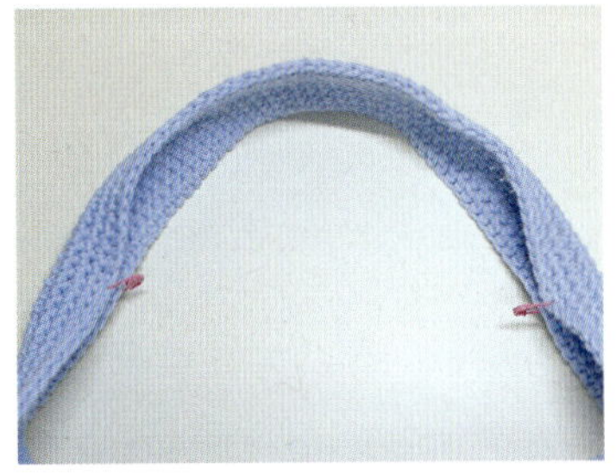

4   손잡이 부분의 가운데 30코의 양끝을 표시합니다.

5   표시한 쪽부터 반대쪽 표시한 부분을 반 접어 돗바늘 감침질로 고정합니다.

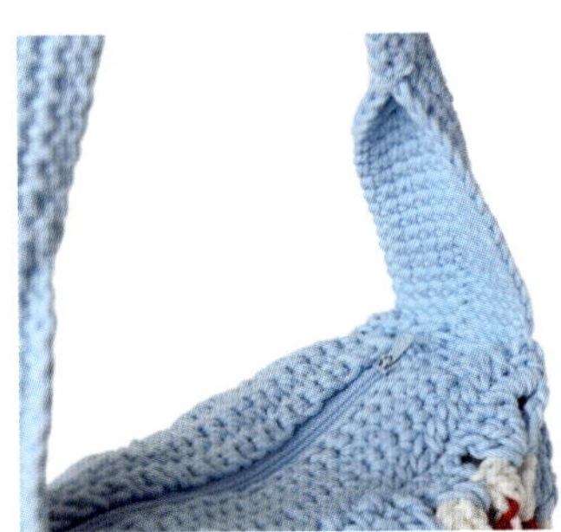

나의 작은 코바늘 실험실

이 책의 작품을 다 뜨고 이제 나만의 도안을 만들고 싶은 분들을 위해 평소 제가 코바늘 도안 만드는 방법을 간단히 소개합니다. 나만의 작품을 실제로 만들 때 참고하세요.

1. 만들고 싶은 작품을 스케치하자

만들고 싶은 작품을 스케치하면 작품을 구체적으로 구상하게 됩니다. 이때 작품의 특징을 자세하게 작성하면 좋습니다.

2. 크기를 정하자

작품의 크기를 고민해 봅니다. 실제로 갖고 있는 물건이나 인형에 빗대어 생각하면 수월합니다.

3. 실과 바늘을 정하자

이제 실과 바늘을 정할 차례입니다. 어떤 실을 사용하느냐에 따라 완전히 다른 느낌의 작품이 될 수 있습니다. 이 책에서 사용한 실과 완성작을 보고 어울리는 것으로 골라도 좋습니다. 실을 골랐다면 적절한 호수의 코바늘을 정해야 합니다. 실의 띠지를 보면 해당 실에 적합한 호수의 바늘을 알 수 있으니 참고하세요.

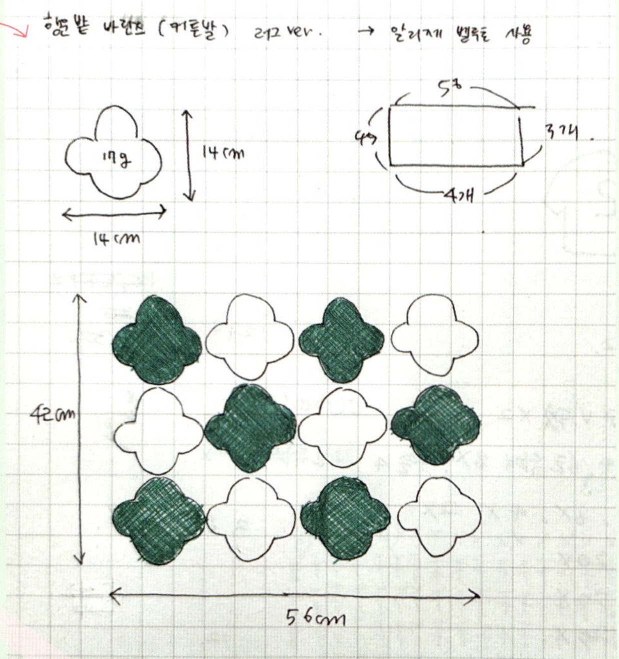

4. 시작하는 방법과 기법을 정하자

작품의 형태에 따라 각기 다른 방법으로 시작해야 합니다.

입체 형태의 작품이라면?

매직링에서 시작해 원통형으로 떠
올라 갑니다.

주머니 형태의 작품이라면?

사슬에서 시작해 떠 올라 갑니다.

평면 모티브 형태의 작품이라면?

매직링에서 시작해 모티브를 만들
어 갑니다.

사각형이나 배색 편물이라면?

사슬에서 시작해 형태를 만들어
갑니다.

5. 기본 기법을 숙지해서 적용하자

원형뜨기

짧은뜨기의 원형뜨기는 단마다 6코가 늘어나면 자연스럽게 평평한 편물이 된다는 특징이 있습니다. 이 특징을 이용하면 다양한
응용을 할 수 있습니다. 평평한 편물이 필요할 때는 단마다 6코씩 늘리면 자연스럽습니다. 반대로 입체적인 편물이 필요할 때는
단마다 콧수를 6코보다 적게 늘리면 됩니다.

추가로 긴뜨기의 원형뜨기는 단마다 10코가, 한길 긴뜨기의 원형뜨기는 12코가 늘어나면 자연스럽게 평평해진다는 특징도 함께
기억하면 좋습니다.

푸딩 상단의 평평한 부분은 단
마다 6코가 늘어납니다.

입체적인 말랑 지구본은 단마
다 콧수를 6코보다 적게 늘렸습
니다.

기법의 높낮이 차이

코바늘 기법의 높낮이 차이를 이용하면 다양한 응용을 할 수 있습니다.

빼뜨기 < 짧은뜨기 < 긴뜨기 < 한길 긴뜨기

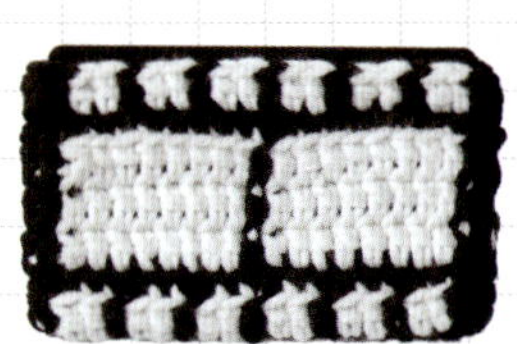

한길 긴뜨기는 짧은뜨기보다 약 2배 높습니다. 따라서 동일한 색으로 넓은 면적을 채워야 하는 경우, 짧은뜨기보다 한길 긴뜨기를 사용하는 것이 편리합니다. 필름 카드 지갑에서는 짧은뜨기 단과 한길 긴뜨기 단을 함께 사용해서 조금 더 빠르게 편물을 만들 수 있도록 디자인했습니다.

액막이 개굴은 개굴씨의 몸이 휘어 있는 형태입니다. 왼쪽 허리는 가장 길이가 짧은 빼뜨기를, 오른쪽 허리로 갈수록 가장 길이가 긴 한길 긴뜨기를 사용해 자연스럽게 휘어지도록 만들었습니다.

기둥 사슬과 빼뜨기

보통 단의 시작은 기둥 사슬로, 마지막은 첫 코에 빼뜨기를 하는 것이 일반적입니다. 반면에 기둥 사슬을 세우지 않고 첫 코에 기법을 뜨면 빼뜨기 자국이 없는 나선형 작품을 만들 수 있습니다.

롤케이크 티코스터는 단의 마지막에 빼뜨기 대신 짧은뜨기, 긴뜨기 등을 진행합니다. 기둥 사슬과 빼뜨기가 없어서 크림과 빵 부분이 끝까지 이어지는 나선형으로 완성됩니다.

6. 실패한 실험은 없다

이 모든 과정을 그대로 따라도 도안과 작품을 단 한 번의 시도로 완성하는 것은 어려울 거예요. 저도 수많은 도안을 만들며 시행착오를 겪었습니다. 그렇지만 그 과정에서 더 다양한 기법들을 알게 되고, 나만의 노하우가 생기며 점점 더 발전했습니다. 때로는 다른 작가님들의 도안을 보며 새로운 점을 배우기도 하고, 이전에 만들었던 제 도안에서 보완할 점을 발견하기도 합니다. 많은 경험과 여러 시도들은 쌓여서 멋진 작품을 만드는 데 도움을 줄 겁니다. 실패를 두려워하지 말고, 다양한 작품을 만들어 보시길 바랍니다. 다음 쪽에 제 도안 수정 기록도 몇 가지 적어봅니다.

행운 부적

행운 시리즈의 작품 중 하나인 '행운 부적'을 만들 때의 이야기입니다. 클로버를 따로
만들어 잇는 대신 뜨면서 클로버를 만드는 방식으로 작품을 구상하고 있었습니다.
도안을 짜면서 클로버 모양이 완벽하다고 생각했는데 실제로 편물을 떠 보니 클로버가
한쪽으로 치우치며(사진에서 왼쪽) 전혀 다른 모양이 되어버렸어요.
클로버가 한쪽으로 치우치지 않도록 여러 방법을 생각하며 실제로 만들어 본 끝에 더
예쁜 모양의 클로버가(사진에서 오른쪽) 탄생했습니다. 행운 부적의 도안 속 클로버는 대칭이 맞지 않지만,
실제 편물로는 예쁜 클로버가 나타나는 것을 확인할 수 있을 거예요.

오후 테이블 매트

'오후 테이블 매트'는 이 책에 실린 작품
중 가장 큰 작품입니다. 만드는 과정에서
그래니 모티브의 원형뜨기 특징을 우선
찾고 작품을 만들기 시작했습니다.
1단에서 약 5단까지 뜨며 나름대로의
규칙을 세워 이를 이후의 단까지 적용해
도안을 만들었는데 실제로 만들어진
편물을 보니 코가 너무 많은지 끝부분이
우글우글 울었습니다.
도안만 붙잡고 있기보다 이에
얽매이지 않고 실제로 만들어 보는
과정이 필요했습니다. 여러 번 도안을
수정하며, 끝까지 말리지 않고 평평한
작품을 완성할 수 있었어요. 때로는
어떤 공식에 의지하기보다 직접
부딪히고 실행에 옮기는 것이 더 빠를
때도 있답니다.

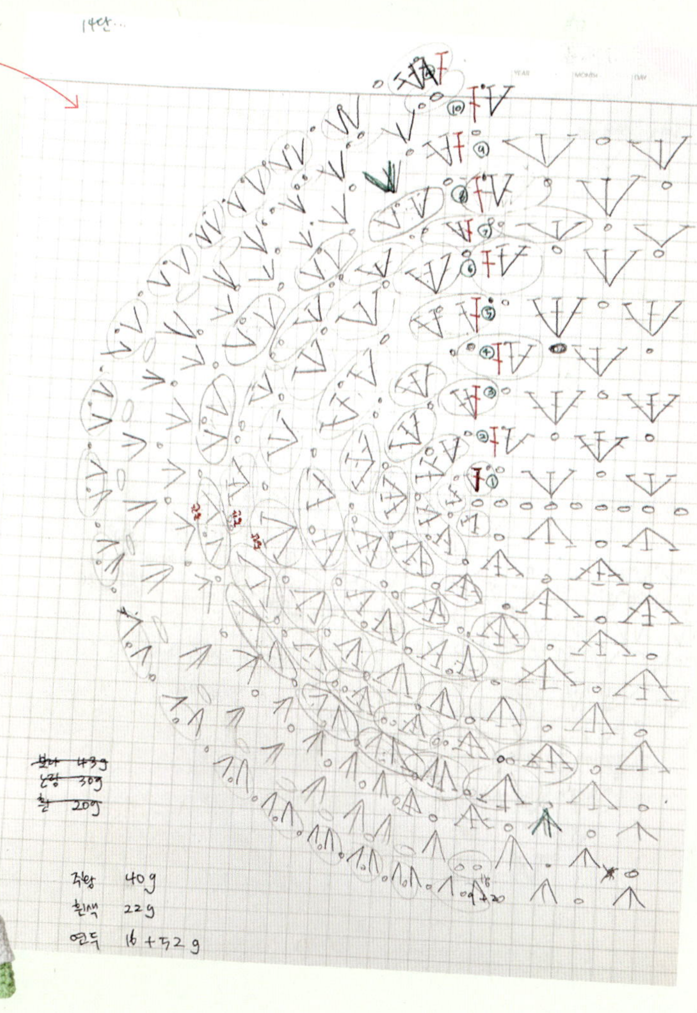

DUFT&DOFT
de blanc
PERFUMED
HAND CREAM
1.69 FL. OZ. 50 ML.
6/0 3.50mm Tulip
8/0 5.00mm Tulip
MENU
lilybyred

에필로그

불과 3년 전까지만 해도 제 꿈은 코바늘 연구원이 아니라
국립과학수사연구원의 법화학 연구원이 되는 것이었습니다. 이왕 태어난 거
이 세상에 필요한 사람이 되고 싶다는 생각에서였죠.
앞만 보고 달리던 20대 초반, 여느 대학생과 같이 무작정 결정한 1년의 휴학 기간에
뜨개를 만났습니다. 뜨개를 시작한 첫날, 코바늘에 흠뻑 빠져 귀여운 가방 하나를 뚝딱
완성했습니다. 내 손으로 직접 가방을 만들었다는 게 정말 신기하고 기뻤어요.
그때부터 뜨개는 제게 빼놓을 수 없는 소중한 연구 대상이 되었습니다.
뜨개 작품과 도안을 공유하며 제가 꿨던 꿈인 '이 세상에 필요한 사람이 된 기분'을
느꼈어요. 제가 좋아하는 일을 하고 그걸 다른 사람들도 좋아해 주며 필요로 하는 일이라는
것이 얼마나 어려운지 알기에 더 소중한 요즘입니다.

제 작품의 첫 번째 관객이자 매번 우리 딸 금손이라고 말하는 우리 엄마,
하고 싶은 잔소리가 많겠지만 항상 묵묵히 응원해 주는 우리 아빠,
항상 예쁜 사진을 찍어 주는 둘째 채영이,
작품들의 두 번째 관객이 되어주며 가끔 외마디 칭찬을 날리는 우리 집 막내 도원이,
어떤 길을 걷든 응원해주고 곁을 지켜준 친구들
그리고 이 책이 무사히 이 세상에 나올 수 있게 물심양면 지원해주신 한스미디어와
든든한 조력자 장윤선 편집자님께 감사의 인사를 드립니다.

저는 앞으로도 제 작은 연구소에서 세상을 조금 더 폭신하고 알록달록하게 만드는
뜨개 연구를 계속 진행할 예정입니다.
다음에도 재밌는 실험 기록들로 여러분을 만나길 기대하며,
모두의 즐거운 코바늘 여정을 응원합니다!

임금손의 코바늘 연구소

1판 1쇄 인쇄 | 2026년 4월 21일
1판 1쇄 발행 | 2026년 4월 28일

지은이 임금손
펴낸이 김기옥

라이프스타일팀장 이나리
편집 장윤선
마케터 이지수
지원 고광현, 김형식

사진 김태훈(TH STUDIO)
디자인 ALL designgroup
인쇄·제본 민언프린텍

펴낸곳 한스미디어(한즈미디어(주))
주소 04037 서울시 마포구 양화로 11길 13(서교동, 강원빌딩 5층)
전화 02-707-0337 | **팩스** 02-707-0198 | **홈페이지** www.hansmedia.com
출판신고번호 제 313-2003-227호 | **신고일자** 2003년 6월 25일

ISBN 979-11-24272-34-3 (13590)